U0277411

□浙江大学环境与能源政策研究中心
□天合公益基金会

Global Sustainable Energy Competitiveness Report 2015

浙江大学公共管理蓝皮书系列

Global Sustainable Energy Competitiveness Report 2015

全球可持续能源 竞争力报告 2015

郭苏建　周云亨　叶瑞克 / 等著

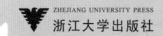

ZHEJIANG UNIVERSITY PRESS 浙江大学出版社

序　言

　　长期以来,能源、资源和环境问题一直是人类社会面临的重大挑战。随着工业化和城市化进程在全球范围内的快速扩展,传统化石燃料的大规模利用带来的能源资源枯竭、全球气候变暖和生态环境恶化等问题进一步加剧,能源问题已成为 21 世纪最复杂和最重要的公共政策议题之一。转变能源供应模式,促进能源结构绿色低碳转型,最终实现人类社会可持续发展,已成为国际社会的共识。

　　可持续能源的资源永续利用和近零排放的基本特征,决定了其必然成为能源开发利用转型升级的重要战略取向。由于可持续能源资源的开发利用在实现能源结构低碳化和多样化、保障能源安全、防止全球变暖等方面的重要作用日益凸显,各国政府和相关机构都正积极推动可持续能源发展。欧盟早在 21 世纪初就设定了向低碳社会转型的目标,美国也提出了以发展风能、太阳能等可持续能源作为推动国家经济复苏的重要举措。同时,新兴经济体也在全球可持续能源竞赛中奋起直追。2009 年至 2013 年间,新兴经济体新增可再生能源发电装机容量增幅高达 143%。作为新兴经济体代表,中国承诺二氧化碳排放将于 2030 年达到峰值,届时非化石能源占一次能源消费的比重将提高到 20%。

　　《全球可持续能源竞争力报告 2015》(以下简称《报告》)旨在对全球可持续能源发展及其竞争力进行系统和深入的研究,对太阳能、风能、水电、地热能、生物质能等可持续能源在全球主要国家的发展现状及其开发前景进行定性和定量分析,并通过设计和建构一个科学的量化分析指标体系,对各国的可持续能源竞争力进行综合评估与比较。鉴于资料来源的局限性,我们选择了在全球有代表性的 G20 国家,对其可持续能源竞争力进行了综合评估和比较。一个国家的可持续能源竞争力排名取决于诸多要素,如该国可持续能源的生产要素、市场规模等需求条件、相关产业投资吸引力以及可持续能源企业竞争力等,并且每一项要素还可进一步分解成可测量的二级变量。

《报告》着力解释两方面的问题：一是可持续能源相对于传统化石能源的竞争力，二是全球主要经济体在可持续能源领域的竞争力。研究表明，提高可持续能源竞争力的秘诀并不主要在于一国拥有多少资源，而更多地在于该国如何利用这些资源。例如，石油资源丰富的俄罗斯与沙特阿拉伯，其发展潜力很大程度上受制于原油可采储量。相反，一些国土狭小、资源贫瘠的国家，比如英国等西欧国家，能够从国情出发，积极吸收借鉴先进经验、技术与资本来发展可持续能源产业，就能摆脱资源禀赋和资源诅咒的限制。概言之，除了行动意愿外，全球主要国家皆已具备发展可持续能源的条件，而发展意愿本身就是一种可持续资源。

通过该研究，课题组希望达到以下目标：首先，《报告》不仅追踪 G20 国家可持续能源政策和融资活动，也对这些国家可持续能源产业发展的主要驱动因素做了深入分析，可为潜在的投资者提供产业发展水平的最新资讯。其次，《报告》将为全球可持续能源发展树立标杆，为政策制定者提供政策评估框架和备选方案，鼓励各国根据本国国情，制定与自身资源禀赋、经济发展阶段以及竞争优势相符的可持续能源发展战略。最后，《报告》还是一份引领中国可持续能源发展，影响政府和其他机构的政策议程，指导地区及行业绿色低碳发展的工具手册，将为各级政府的绿色低碳发展规划、可持续能源发展目标及评估提供参考。

《全球可持续能源竞争力报告 2015》是浙江大学环境与能源政策研究中心课题组成员协同攻关的成果。本课题首席专家为郭苏建，课题组成员为周云亨、叶瑞克（浙江工业大学）、王双（浙江外国语学院）、方恺（荷兰莱顿大学）、杨睿、余家豪（美国哈佛大学）、李捷理（美国俄亥俄大学）、向淼。本课题研究得到了生态文明国际论坛和天合公益基金会的赞助，在此特向生态文明国际论坛秘书长章新胜、执行总监张海、总监助理夏存松的关心、支持和指导表示衷心感谢。此外，在指标甄选及权重确定的过程中，课题得到了国内外专家的无私帮助，由于人员众多，无法一一列出，在此一并表示感谢。项目学术顾问：章新胜（生态文明国际论坛秘书长）、林建华（原浙江大学校长）、罗卫东（浙江大学副校长）、张海（生态文明国际论坛执行总监）、郁建兴（浙江大学公共管理学院院长）。由于课题研究周期很短，时间紧迫，以及课题组成员学识所限，本项研究还有诸多不足之处，望方家指教。

摘　要

　　能源问题已成为 21 世纪最复杂和最重要的公共政策议题之一。可持续能源已成为各国政府和相关机构能源开发利用转型升级的重要战略取向,作为实现能源结构低碳化和多样化、保障能源安全、防止全球变暖等方面的重要举措。

　　《全球可持续能源竞争力报告 2015》(以下简称《报告》)旨在对全球可持续能源发展及其竞争力进行系统和深入的研究,对太阳能、风能、水电、地热能、生物质能等可持续能源在全球主要国家的发展现状及其开发前景进行定性和定量分析,并通过设计和建构一个科学的量化分析指标体系,对各国的可持续能源竞争力进行综合评估与比较。鉴于资料来源的局限性,我们选择了在全球有代表性的 G20 国家,对其可持续能源竞争力进行了综合评估和比较。一个国家的可持续能源竞争力排名将会取决于诸多要素,如该国可持续能源的生产要素、市场规模等需求条件、相关产业投资吸引力以及可持续能源企业竞争力等,并且每一项要素还进一步分解成可测量的二级变量。

　　《报告》着力解释两方面的问题:一是可持续能源相对于传统化石能源的竞争力;二是全球主要经济体在可持续能源领域的竞争力。研究表明,提高可持续能源竞争力的秘诀并不主要在于一国拥有多少资源,而更多的在于该国如何利用这些资源。例如,石油资源丰富的俄罗斯与沙特阿拉伯,其发展潜力很大程度上受制于原油可采储量。相反,一些国土狭小、资源贫瘠的国家,比如英国等西欧国家,能够从国情出发,积极吸收借鉴先进经验、技术与资本来发展可持续能源产业,就能摆脱资源禀赋和资源诅咒的限制。

　　通过该研究,我们希望达到以下目标:首先,《报告》不仅追踪 G20 国家可持续能源政策和融资活动,也对这些国家可持续能源产业发展的主要驱动因素作了深入分析,可为潜在的投资者提供产业发展水平的最新资讯。其次,《报告》将为全球可持续能源发展树立标杆,为政策制定者提供政策评估框架和备选方案,鼓励各国根据本国国情,制定与自身资源禀赋、经济发展阶段以及竞争优势相符的可持续能源发展战略。最后,《报告》还是一份引领中国可持续能源发展,影响政府和其他机构的政策议程,指导地区及行业绿色低碳发展的工具手册,将为各级政府的绿色低碳发展规划、可持续能源发展目标及评估提供参考。

Abstract

Energy has remained one of the most complicated and important topics in contemporary public policy discussions. Sustainable energy has become a new strategic priority being adopted by government agencies, organizations and communities as a way of achieving a low-carbon and diverse energy structure, ensuring energy security and mitigating global warming.

The primary goal of *Global Sustainable Energy Competitiveness Report 2015* (GSECP) is to conduct a systematic and thorough investigation into the development and competitiveness of global sustainable energy, and the current state and prospects of sustainable energy in major countries—solar, wind, hydroelectric, geothermal, biomass, and other renewable, through combined qualitative and quantitative analysis. By establishing a scientific and quantifiable indicator system, the GSECP evaluated the competitiveness of sustainable energy of major countries competitively throughout the world. In view of the availability of datasets, members of G20 representing a mix of the world's advanced and emerging economies were chosen for our analysis. The ranking of national competitiveness of sustainable energy is determined by a complex set of key variables, such as factors of production, market scale, industry attractiveness, corporate competitiveness, and so forth in sustainable energy. Each of the variables can be further defined by certain secondary and measurable variables.

The GSECP seeks to address two key questions: the competitiveness of sustainable energy in comparison to traditional fossil energy, and the competitiveness of world's major economies in the domain of sustainable energy. Our findings demonstrate that the way of resource use is playing a far more critical role in promoting national competitiveness of sustainable energy than the endowment of resources. Russia and Saudi Arabia with abundant oil reserves, for instance, have been significantly restricted in their ability to develop sustainable energy. On the contrary, the United Kingdom and many others in the Western Europe, which suffer from the scarcity of land and other resources, have succeeded in getting rid of the curse of resources by means of scientific knowledge, technology and capital investments.

Finally, the GSECP also aims at articulating novel points of view to broad readership in multiple ways. First, it is intended to provide potential investors with up-to-date information on policy and financing activities, but also on the drivers of the sustainable energy industry in different countries. Second, the GSECP establishes a benchmark for worldwide development of sustainable energy with the hope to support policymakers in the evaluation and choice of sustainable energy strategies in keeping with a nation's overall performance on resource endowments, economic development, and competitive advantage. Last, the GSECP attempts to shape the policy agenda for China's sustainable energy development, properly serving as reference for government and industry planning in green and low-carbon development, sustainable energy development goals and assessments.

目　录

一、可持续能源竞争力概念及文献综述

当今,化石能源储量的有限性与人类需求的无限性之间的矛盾在日益加剧。与此同时,化石能源大量燃烧带来的气候环境问题日益突出。清洁、可持续的能源被认为是解决这种困境的突破口,可持续能源与能源的可持续性研究成为能源领域最重要的议程之一。可再生能源可永久持续利用的资源特点决定了其未来作为可持续发展能源的地位,同时其清洁、近乎零排放的特点形成了化石能源无法比拟的环保优势。发展可再生能源是减缓化石能源消耗、防治环境污染、应对全球气候变化、实现低碳能源转型、保证能源供应安全的重要举措和必由之路。① 下面分别对涉及可持续能源的几个核心概念进行介绍。

(一)可持续发展与能源的可持续性

1. 可持续发展

"可持续发展"概念是 1987 年世界环境与发展委员会(WCED)向联合国提交的一份题为《我们共同的未来》的报告中首先提出的,认为可持续发展就是"满足当代人的需求,又不损害后代人满足其合理需求的发展",该报告还强调,可持续发展的概念不仅应包括经济增长,还包括社会公平和环境保护。② 经合组织(OECD)与国际能源署(IEA)建议以能源政策制定为背景对可持续发展进行有效的定义,将可持续发展定义为:"由一种经济上有

---

① 国家可再生能源中心.国际可再生能源发展报告 2014.北京:中国环境出版社,2014.

② World Commission on Environment and Development(WCED). *Our Common Future*,1987:Chapter 2,Para. 1.

利可图、对社会与环境负责的、有全球性长远目标的能源部门支撑的持续发展"。①

联合国将实现环境可持续发展作为千年发展目标的一个重要组成部分,而可再生能源的使用则有助于减少能源消费带来的环境影响,如表 1.1 所示。

表 1.1　现代能源如何协助完成联合国千年发展目标

联合国千年发展目标	现代能源如何协助完成千年目标
实现环境可持续发展	清洁能源,可再生能源技术,高效能源有助于减少当地、区域及全球范围内的环境影响

数据来源:Global Network on Energy for Sustainable Development (GNESD). Reaching the Millennium Development Goals and Beyond-access to Modern Forms of Energy as a Prerequisite. Roskilde:GNESD,2007.

鉴于能源对可持续发展的重要性,联合国大会在第 65/151 号决议中宣布 2012 年为人人享有可持续能源国际年(Sustainable Energy for All)。联合国秘书长潘基文发起了"人人享有可持续能源倡议",宣布 2030 年力争实现三大目标:确保全世界的人口普遍享有现代能源服务,将能效提高率翻一番,以及使全球能源组合中可再生能源所占比例翻一番。②

2. 能源的可持续性

目前不可再生的化石能源对环境造成的污染已是不争的事实,世界各国在无污染或低污染可再生性能源的开发和利用上正处于攻坚阶段。现阶段,在可再生能源技术成熟之前,经济发展对非可再生能源的依赖依然是不可或缺的。因此,能源的可持续性含义不但包括新能源、可再生能源的开发利用对能源可持续性的影响,还包括传统化石能源消费的可持续性。

美国学者蒙哥马利(Montgomery)指出能源可持续性意味着能源选择的多样性、更强的适应性、更少的污染、更多的"绿色"元素。③ 欧盟对能源安全的定义充分考虑到能源的可持续性,并涉及环境关切:"只有在充足、持久可得、适合的能源得到保障,同时能源的供应、运输以及使用过程中的不利影响得到有效控制的情况下,能源使用才是可持续的";"保障市场上能源

---

① IEA. Toward a Sustainable Energy Future,2001:4.
② 人人享有可持续能源. http://www.se4all.org.
③ [美]斯科特·L.蒙哥马利.全球能源大趋势.北京:机械工业出版社,2012:273.

产品在所有消费者、私人和企业可接受的水平下,物理可用性的不间断,同时考虑到环境关切"。[①]

国际能源署报告指出,由温室气体排放导致的气候变化给全球带来的威胁正日益增长,而排放的70%都是由能源生产和消费所引起的。该报告指出,成熟的能源政策需包含3个"E",即:①能源安全(Energy Security)。确保对各种形式能源获得的可依赖性,包括石油、煤炭、天然气、电力、核能及可再生能源等。②环境保护(Environmental Protection)。特别关注引起气候变化的温室气体(特别是二氧化碳)排放的削减。③可持续的经济发展(Economic Sustainability)。依赖于能源长期安全,并对能源长期安全产生重要影响。[②] 该报告指出,能源可持续性涵盖了能源安全(可持续)、环境与经济的可持续发展等重要的理论外延。

能源可持续性被看作是能源安全的重要因素。有学者将能源安全要素划分为可靠性、可得性、可持续性和可用性,其中能源可持续性的要素组成和潜在威胁如表1.2所示。

表1.2　能源安全可持续性的要素组成与潜在威胁

能源安全要素	要素组成	潜在威胁
可持续性	·减少温室气体和污染物的排放 ·对本地、地区和全球环境质量的贡献 ·对受到气候变化影响的能源系统的保护	·狭义化能源安全概念的政策反应(如在碳捕捉与储存技术商业化之前支持加大对煤炭的使用) ·变化中的气候的影响(如海平面上升、风暴袭击及其他恶劣气候事件)

数据来源:Carlos Pascual, Jonathan Elkind. *Energy Security: Economic, Strategic, and Implications*. Washington, D. C.: Brookings Institution Press,2010:122.

除环境关切外,确保能源可持续性需要关注另外两个方面:安全供应、经济效率与环境关切,三个方面构成"能源三角"(图1.1)。世界经济论坛报告指出,管理"能源三角",即如何确保能源三角的三条边(经济增长与发展、环境可持续性、能源获取和安全)实现持续均衡发展。[③] 国际可再生能

① BMU/UBA. *Nachhaltige Entwicklung in Deutschland—Die Zukunft Dauerhaft Umweltgerecht Gestalten*. Berlin, Germany: Erich Schmidt Verlag, 2002.

② IEA. *Worldwide Engagement for Sustainable Energy Strategies*,2012:4.

③ 世界经济论坛.全球能源架构绩效指数2014年报告,2014:7.

源机构的研究报告也指出,无论是发展中国家还是发达国家,都需要认识到能源三角每一个方面产生的影响,并据此制定相应的政策。①

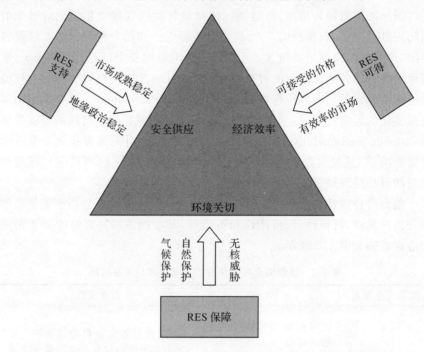

图 1.1　可持续能源与"可持续"三角:可再生能源对可持续能源系统的贡献

数据来源:转引自 H. Müller-Steinhagen, J. Nitsch The Contribution of Renewable Energies to a sustainable Energy Economy. *Process safety and Environmental Proctection*, 2005, 83(B4).

3. 可持续(可再生)能源系统

　　现有研究范式中,可持续(可再生)能源往往与"能源安全"、"能源系统"、"能源政策"等宏观层面的概念联系在一起,而前者作为独立概念出现较多,研究中多以"可持续(可再生)能源"与"可持续(可再生)能源系统"作为核心概念,二者联系较为紧密,对二者相互关系研究也较为常见,这是现有研究体系中的主体范式。

　　2001 年 4 月可持续发展委员会(CSD)在纽约召开的第九次会议上,将

---

　　①　国际可再生能源机构(IRENA).反思能源执行摘要,2014:28.

可持续能源系统定义为："在当前和未来的代际中,以一种环境成熟、社会可接受以及经济可行的方式,确保充足的、可负担的能源获得的系统"。①

欧盟认为可再生能源是"欧盟构建有竞争性、安全而可持续能源体系的根本因素",②《欧盟能源2050路线图》将气候、环境以及能源供应的安全纳入可持续能源系统范畴。这与社会可持续发展思路是一脉相承的。③《全球能源展望2011》也预测追求低碳化目标将使对可再生能源的需求超过对传统化石能源的需求,并将最终代替化石能源。④

可再生能源系统有着得天独厚的优点:不产生有害气体及温室气体;是多元化、长期、可依赖的发电手段,可增强能源安全;对很多欠发达地区来说,可再生能源可得性更好,可作为传统能源的灵活替代。但其缺陷也是天生的:①间歇性问题,受到气候条件和地理条件的影响,可靠程度不高;②电网稳定性问题,更大的发电负荷将导致可再生能源电网不稳定;③初始投资大,成本高。⑤

如何在合理使用非再生能源的同时有效开发可再生能源是当前发达国家面临的最大挑战。Odum H. T. 与Odum E. C. 提出开发能源的"两来源"(Two-source)理论。此理论指出对非再生资源的"常规使用"(Business As Usual)将使我们一直处于对可再生资源的低效开发状态,正确的可持续能源发展方向是有效利用非再生资源来改进能源体系永久获取可再生资源的能力,既要对再生资源投资,亦要继续对非再生资源投资,但前提是对非再生能源投资必须考量是否有利于提高能源体系获取再生资源之能力以及是否有利于建立永久性储备,这是目前可持续能源系统的最佳发展道路。⑥

德国学者穆勒(Müller)和尼奇(Nitsch)从可再生能源系统的角度论述

① CSD. CSD-9 Decision 9/1,2001:1.

② EU. *A Policy Framework for Climate and Energy in the Period from* 2020-2030,2014.

③ European Commission. *A Road Map for Moving to a Competitive Low-carbon Economy in* 2050 // the Commission to the European Parliament, the Council, the European Economic and Social Committee and the Committee of the Regions. European commission SEC, 2011.

④ IEA. World Energy Outlook 2011,2011.

⑤ S. Al-Hallaj and K. Kiszynski. *Hybrid Hydrogen Systems. Green Energy and Technology.* London:Springer-Verlag London Limited,2011.

⑥ H. T. Odum, E. C. Odum. *A Prosperous Way Down. Principles and Policies.* Boulder: University Press of Colorado, 2001. 亦见 Simone Bastianoni, Riccardo M. Pulselli, Federico M. Pulselli. Models of Withdrawing Renewable and Non-renewable Resources Based on Odum's Energy Systems Theory and Daly's Quasi-sustainability Principle. *Ecological Modelling*, 2009(220):1926-1930.

了可再生能源对可持续能源经济的作用。可再生(可持续)能源对可持续能源系统有着重要作用,现在或将来可持续能源供应系统所有基本要求都可以由可再生能源来满足。[①] 如图 1.1 所示。

他们还对可持续能源系统性质做出论述。现今消耗的化石能源或核能都是取之于地下,排放到环境中,是一种"开放"的能源系统。而只有"封闭"的能源系统才是可持续的,此种系统中,不需要消耗原材料就能产生能源,也往往会将原料返还到能源循环中。

(二)可持续能源相关概念及其评估体系

1. 相关概念辨析

从已有的文献来看,"可持续能源"概念非常宽泛,"可持续能源"广义方面的意义涉及能源的经济、环境、社会的可持续发展,可持续能源系统等,而狭义的"可持续能源"则是与"新能源"、"可再生能源"形态内涵外延都相近的可持续性能源。本节主要从相关概念的狭义范畴进行区分与辨析。

(1)可持续能源与新能源

新能源往往与常规能源相区别。1978 年 12 月 20 日,联合国第 33 届大会第 148 号决议规定新能源是指常规能源以外的所有能源。1980 年,联合国召开的"新能源和可再生能源"会议上,正式提出新能源基本含义为:以新技术和新材料为基础,使传统的可再生能源得到现代化的开发利用,用取之不尽、用之不竭的可再生能源来不断取代资源有限、对环境有污染的化石能源,重点开发太阳能、风能、生物质能、潮汐能、地热能、氢能和核能等。[②]

目前新能源的定义过于狭义化,主要表现为将新能源局限于可再生能源技术之中。仅仅谈可再生能源,而不强调"新"与"旧"的本质区别,将会严重束缚人们的创造性和新能源自身的可持续发展。新能源的关键是相对传统能源利用方式的先进性和替代性。[③]

① H. Müller-Steinhagen, J. Nitsch. The Contribution of Renewable Energies to a Sustainable Energy Economy. *Process Safety and Environmental Protection*, 2005, 83(B4).

② 张运洲,白建华,程路,等. 中国非化石能源发展目标及其实现路径. 北京:中国电力出版社,2013:228.

③ 韩晓平. 关于"新能源"的定义. 节能与环保,2007(6):22-24.

除核能外，新能源大都属于清洁、低碳、绿色、可再生的能源，因此新能源大都属于可持续能源范畴。

（2）可持续能源与可再生能源

可再生能源与可持续能源概念有较多重合，但两者之间仍有一定的区别。可再生能源通常是指那些自然界中取之不尽，并且最终产生于太阳到达地球的辐射能量的资源。明显的例子包括水电、风能、太阳能以及一些不太明显的如可再生废物与生物燃料等。另外，地热、潮汐等在地球外表及海洋大量储存的热能，都被划归"可再生能源"。衡量所有形式的可持续能源的另一个重要标准是其使用是否会造成大气中的温室气体（如二氧化碳）含量增加。[①] 国际可再生能源机构（IRENA）制定的全球路线图"REmap2030"指出，可再生能源不仅能够满足全球不断增长的能源需求，而且其价格更低，并且有助于将全球变暖限制在 2 摄氏度以内（2 摄氏度是被广泛引用的气候变化临界点）。[②]

中国《可再生能源法》规定：可再生能源是指风能、太阳能、水能、生物质能、地热能、海洋能等非化石能源。中国科学院院长路甬祥对可再生能源的界定则比较宽泛，他主要从天文、地理科学和人类能源利用历史视角，认为除核能、深部地热能外，地球上人类利用的无论是煤、石油、天然气、页岩气、天然气水合物等常规或非常规化石能源，还是水能、风能、生物质能、海洋能（洋流、温差能）等可再生能源，归根结底都源自太阳能。对人类而言，太阳实际上是取之不尽的光和热的源头。因此，上述以太阳为能量源的可再生能源等都是"今天"的太阳能，是清洁低碳的可再生能源。因此，也可以说"今天"的太阳能[即水能、风能、生物质能、海洋能（洋流、温差能）等可再生能源]也在可持续能源的范畴内。

可持续能源一般被定义为一种可持续提供给当代人使用而又不损害未来子孙使用能力的能源。[③] 可持续能源区别于可再生能源的一个重要指标是时间跨度。如果从更长的时间跨度来看（数百万年到数十亿年），可再生能源并不一定是"永远"可持续的，但是相对于化石能源等"非可再生能源"，

---

① Robert L. Evans. *Fueling Our Future: an Introduction to Sustainable Energy*. New York: Cambridge University Press, 2007: 21.

② 国际可再生能源机构（IRENA）. 反思能源执行摘要, 2014: 1.

③ B. K. Ndimba, R. J. Ndimba, T. S. Johnson, et al. Biofuels as a Sustainable Energy Source: an Update of the Applications of Proteomics in Bio Energy Crops and Algae. *Journal of Proteomics*, 2014, 93(1): 234.

却能使后代在今后数千年时间里可得。因此,上述能源形式也都可以归为"可持续能源"。

丹麦奥尔堡大学亨利克·隆德(Henrik Lund)教授将可持续能源定义为:不会在人类存在的时间范围内被耗尽,有助于所有物种的持续生存的能源。他认为可再生能源与可持续能源重要区别在于:①范围上的差异。可持续能源可以包含核能及与碳捕捉和储存技术结合的化石能源,但这些技术和能源来源并不属于可再生能源。可再生能源也可能包含一些被认为是不可持续的能源,如一些生物质能源。②政治因素的差异。引入可持续能源解决方案的原因主要是环境动机,而推广可再生能源解决方案的原因至少包括能源安全、经济、环境和发展等方面。①

根据以上论述,表1.3对"新能源"、"可再生能源"、"可持续能源"概念与范畴做出总结归纳。

表1.3 "新能源"、"可再生能源"、"可持续能源"概念与范畴对比

项目	新能源	可再生能源	可持续能源
核心定义	能源利用的技术创新性	能源利用的资源可再生性	能源利用的经济社会发展和生态环境的可持续性
研究视角	区别于传统能源,基于技术及应用视角	区别于非可再生能源,基于利用及储量视角	区别于不可持续能源,基于目标和发展视角
基本形态	风能、小水电、太阳能、生物质能、地热能、潮汐能、核能、天然气、页岩气、可燃冰等	风能、太阳能、水能、生物质能、地热能、潮汐能等	风能、太阳能、水能、生物质能、地热能等
关键区别	不包括大水电	不包括核能	不包括核能、潮汐能

本课题组认为,可再生性、环境友好性、技术可行性和经济可行性是可持续能源的基本特征,其与可再生能源及新能源的主要区别在于这一概念并未涵盖目前商业前景并不明朗的相关能源种类。尽管大多数新能源与可再生能源都属于"可持续能源",但核能等不可再生的新能源以及潮汐能等

① [丹麦]Henrik Lund.可再生能源系统:100%可再生能源解决方案的选择与模型.李月,译.北京:机械工业出版社,2011:7-9,33.转引自郭立伟.新能源产业集群发展机理与模式研究.杭州:浙江大学,2014:6.

目前难以大规模商业推广的可再生能源并未纳入课题的研究范畴。课题组将核能和潮汐能等排除在"可持续能源"范畴之外的另一个原因,是受能源统计数据可得性的限制。新能源、可再生能源以及可持续能源的联系与区别如图1.2所示。

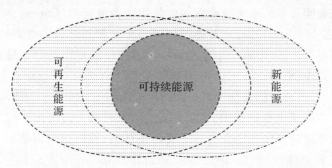

图 1.2 "新能源"、"可再生能源"和"可持续能源"的关系

综合以上论述,满足可持续性能源定义需符合以下几条标准:第一,这种能源必须是可再生的,最起码是可循环利用的;第二,为了防止环境污染问题,这种能源在其生命周期内对环境的负荷较低,其潜在危害基本可控制在环境容量范围之内;第三,利用这种能源的技术必须是当前人类已经熟练掌握的并具有很大改进空间。概言之,这种能源具有资源的循环再生性、环境友好性以及技术的可推广性。相对于传统化石燃料,它们的主要优势在于温室气体和污染物排放量显著降低,而可供开发的资源储量则相当可观。相应地,课题组将可持续能源(Sustainable Energy)发展模式界定为采用那些既能满足当代人的合理需求,又不会损害子孙后代发展需要的新型能源供应模式。

2. 可持续能源及其评估体系

在可持续能源研究领域,目前主要的评估体系是多目标决策分析体系(MCDM),其中常用的分析工具包括层次分析法(AHP)、网络层次分析法(ANP)、优劣解距离法(TOPSIS)、消去与选择转换法(ELECTRE)、多标准决策制定分析法(MCDEA)等。例如,对可再生能源技术的在环保有效性上多指标分析方面,Ramon与Cristobal使用多标准决策制定分析法(MC-DEA)对风能、水能、太阳能和各类生物质能等可再生能源技术进行有效性评估，以供政府制定政策时参考。[①] Hong 等也同样使用 MCDEA 法对日本福岛核事故，从国家能源结构的三个方面进行潜在性危害评估：①经济方面（电耗成本及能源安全）；②环境方面（温室气体排放、土地转换、水消费、热水的排泄、空气污染、放射性废料以及固体废料）；③社会方面（各类安全问题），研究表明日本的未来能源发展应使用能源混合型（Energy Mix），即以核能（只占 10%～35%）、化石能源和可再生能源相结合的能源结构，来代替以往核能为主的能源结构。[②] 此外，MCDEA 也被广泛用于最合适资源选择的研究中。[③]

目前，对可再生能源体系（Renewable Energy Systems，RESs）的可持续性指标的探讨也在进行中。Liu Gang 认为可再生能源体系应与减缓气候变化和环境污染体系结合成一个大一统体系，并以此为框架制定可持续能源发展的总体指标（General Sustainability Indicator，GSI）。[④] Sukumar 认为可持续能源概念是绿色能源和健康环境的融合，其综合指标的制定需包含政府政策和法律制定与实施。[⑤] Pang 等建议可持续能源评估体系应是囊括能源评估模式、环境评估模式以及生态评估模式的多种模式的综合体，指出可持续能源评估体系发展的新方向是将可再生能源发展与对土地使用、自然风貌以及生物多样化影响之考量相结合的政策评估标准，并且作者尝试以目前行之有效的《战略环境评估》为基础，加入能源及生态等相关变量，建立可再生、可持续能源评估体系。[⑥]

[①] José Ramón San Cristóbal. A Multi Criteria Data Envelopment Analysis Model to Evaluate the Efficiency of the Renewable Energy Technologies. *Renewable Energy：an International Journal*，2011，36(10)：2742-2746.

[②] Sanghyun Hong，Corey J. A. Bradshaw，Barry W. Brook. Evaluating Options for the Future Energy Mix of Japan after the Fukushima Nuclear Crisis. *Energy Policy*，2013(56)：418-424.

[③] Angel Antonio BayodRújula，NourouKhalidouDia. Application of a Multi-criteria Analysis for the Selection of the Most Suitable Energy Source and Water Desalination System in Mauritania. *Energy Policy*，2010,38(1)：99-115.

[④] Liu Gang. Development of a General Sustainability Indicator for Renewable Energy Systems：a Review. *Renewable and Sustainable Energy Reviews*，2014(31)：611.

[⑤] Sukumar，Sacin. Law as a Medium of Change，to Achieve Sustainable Development and Use of Clean Energy. *OI DA International Journal of Sustainable Development*，2014,7(3)：45-54.

[⑥] Xi Pang，Ulla Mörtberg，Nils Brown. Energy Models from a Strategic Environmental Assessment Perspective in an EU Context_What is Missing Concerning Renewables?. *Renewable and Sustainable Energy Reviews*，2014(33)：353.

（三）竞争力与产业竞争力

1. 竞争力概念

20 世纪 70 年代以来，竞争力问题成了一个非常热门的话题。这一概念最初源于国际贸易理论：一个国家、一类产业或一个企业的产品能够出口并在国际市场上占有一定的份额，即意味着这个国家、产业或企业具有某种优势或竞争力。

竞争力的研究特点是，对其核心概念有许多不同的解释。竞争力的定义各异，通常是指参与者双方或多方的角逐或比较而体现出来的综合能力。竞争力是一种相对指标，是对象在竞争中显示的能力相对于其竞争者所处的相对地位。因此它是一种随着竞争变化而又通过竞争体现出来的能力。[①]

维基百科对竞争力的定义是：竞争力是公司、分部门或国家在一个给定的市场上出售和供应商品和服务，相对于其他公司、部门或国家在同一市场的能力和表现。[②]

世界经济论坛在《全球竞争力报告 1994—1995》将国际竞争力定义为一国或公司在世界市场上均衡地生产出比其竞争对手更多财富的能力，并以此得出国际竞争力是竞争力资产与竞争力过程的统一。[③]

瑞士洛桑国际管理学院的《世界竞争力黄皮书 2014》对"竞争力"有一个独特的理解，即用来"分析国家与企业怎样管理其整体能力以实现繁荣或利润"。该黄皮书认为，竞争力意味着生产力的要素、效率和盈利能力。但这并不代表其本身或其目标。它是一种实现生活水平不断提升、增加社会福利的强大手段，是一种实现目标的工具。在全球范围内，通过提高国际专业化的生产力和效率，竞争力提供了人们获得非通胀方式收益的基础。竞争力应被视为一个提高人民的生活水平，为失业人员提供就业和消除贫困

---

① 百度百科. http://baike. baidu. com/link? url=iuM75k9rMN07kavRtxtzkOUgNM6uJ3F VrV3o5C1gTmlizwxGyKlzBgdIl5SDJ58MVkrK8mjKQcTbT4yd6rntWsNzEivd4qVDZCiO1K3bOa7.

② 维基百科. http://en. wikipedia. org/wiki/Competitiveness.

③ World Economic Forum. *Global Competitiveness Report* 1994-1995，1994. 转引自艾莉，杜丽. 产业竞争力理论述. 商业时代，2010(35)：100.

的基本手段。竞争力是一个国家在自由贸易和公平的市场条件下,可以提供适应国际市场考验的商品和服务,同时长期维持和扩大其人民实际收入的程度。[①]

2. 产业竞争力概念

竞争力的研究如今已经多元化,其中产业国际竞争力是与本课题相关的一个重要概念。迈克尔·波特(Michael E. Porter)提出的定义得到了广泛认可,他将产业竞争力定义为:"在国际自由贸易条件下,一国特定产业以其相对于其他国家更高的生产力,向国际市场提供符合消费者需要的更多的产品,并持续获利的能力。"[②]

从生产角度,金碚将产业竞争力定义为:"在国际自由贸易条件下(或排除了贸易壁垒因素的假设条件下),一国特定产业以相对于他国更高的生产力,向国际市场提供符合消费者或购买者需求的更多的产品,并持续获利的能力。"后来金碚在《竞争力经济学》中对这一概念做了进一步解释:"产业竞争力的实质是一国特定产业通过在国际市场上销售其产品而反映出的生产力。"[③]

比较优势与竞争优势是国际贸易研究领域中与产业竞争力相关的最常见讨论议题。裴长洪从产业"集合"的属性出发认为产业竞争力首先表现为不同区域或不同国家的不同产业(或产品)的各自相对竞争优势,即比较优势。这时竞争力将取决于它们各自的绝对竞争优势,即质量、成本、价格等一般市场比较因素。蔡妨等持类似的观点,他们认为竞争力的来源之一是产业结构和技术结构的选择遵循比较优势原则,能否识别和遵循国家的比较优势,是产业获得和保持国际竞争力的关键。[④]

此外还有学者从综合能力的角度对产业竞争力进行定义:"产业竞争力是指某一产业在区域之间的竞争中,在合理、公正的市场条件下,能够提供有效产品和服务的能力,它是产业的供给能力、价格能力、投资盈利能力的综合。"[⑤]

① International Institute for Management Development(IMD). *World Competitiveness Yearbook*, 2014: 492-503.

② [美]迈克尔·波特. 国家竞争优势. 李明轩,邱如美,译. 北京:中信出版社,2012.

③④ 艾莉,杜丽. 产业竞争力理论述评. 商业时代,2010(35):99.

⑤ 盛世豪. 知识经济与工业经济的知识化过程(下). 中国软科学,1999(1).

（四）可持续能源竞争力

1. "可持续能源竞争力"概念

能源产业的竞争力概念可从上述产业竞争力概念综述中延伸，为了准确定义"可持续能源竞争力"概念，我们还需探究"可持续竞争力"概念。世界经济论坛发布的《全球竞争力报告2014—2015》将可持续竞争力定义为："在一个较长的时期内，使一个国家富有生产力并能保障社会与环境可持续发展的一系列机制、政策和要素等。"[①]相对于可持续发展的概念，可持续竞争力概念重点强调的是生产力在驱动经济繁荣与长期增长中的重要性。

结合前文对"竞争力"、"产业竞争力"、"可持续竞争力"概念综述，本课题组试图综合给出"可持续能源竞争力"定义。鉴于竞争力研究一般分为三个层次：一是宏观层面上的国家竞争力研究；二是中观层面上的产业竞争力研究；三是微观层面上的企业竞争力研究；此外还有最微观的产品竞争力层次。本课题组主要试图从宏观的国家层面对可持续能源竞争力进行评估。

从宏观的国家层面，我们将"可持续能源竞争力"的概念内涵诠释为：指一个国家能否创造良好的产业生态环境、政策环境与商业环境，使该国可持续能源发展获得竞争优势，进而提升本国能源安全、环境保护以及经济社会发展的国际竞争优势的能力。可持续能源竞争力表明了一国可持续能源相对于其竞争对手（国家）在国际市场上的综合竞争地位，其中包括资源禀赋、科技创新与技术研发、市场规模、公共政策、产业及企业发展状况等方面的竞争能力。

2. 可持续能源竞争力研究现状

总体来看，国内学术界对可持续（可再生）能源的竞争力评估研究的文献并不多，集中在对我国或国内具体地域的可持续能源具体产业，如风电的

---

① World Economic Forum. *Global Competitiveness Report* 2014-2015，2014：5.

研究，①使用的分析模型一般为波特的钻石模型。少数运用情景分析法、②协整分析法③分析我国可再生能源产业定价机制与战略。其他研究则从政策思考、④低碳经济与社会、⑤制度建设⑥等角度论述。

金和林等从国际贸易的角度，采用联合国商品贸易统计数据库（UN comtrade）的统计数据，使用显示性比较优势指数（Revealed Comparative Advantage，RCA）、贸易竞争力指数（Trade Competitive Power Index，TC）对我国可再生能源的竞争力进行了评估，并以我国太阳能产业国际竞争力为例做出实证分析。该研究有助于从国际贸易角度理解我国可持续能源的国际竞争力。⑦ 程夏蕾、朱效章从技术发展路线、市场竞争力、投融资、环境影响、宏观经济政策框架等 5 个方面研究分析了影响我国小水电可持续发展的主要矛盾和问题，以内部收益率（IRR）或投资回收期作为指标，测算出农村电力需求、煤电成本、小水电成本及电价、不公平条件下的竞争、小水电供应曲线等不同因素影响下我国小水电的市场竞争力，提出了从宏观政策、经济激励政策、技术政策等方面发展小水电的建议。⑧

韩城利用 1990—2008 年间的二氧化碳排放量、能源价格、新能源消耗量占总能源消费量比重等数据，构建回归方程，找出影响我国新能源发展的关键影响因素及规律。该项分析发现，这一时期新能源的发展主要还是由能源价格决定，发展新能源依然是规避未来国际能源市场供需风险的途径。通过对新能源产品成本的分析，发现造成我国新能源发展现状的根本因素是较高的生产成本及落后的技术。因此，他认为新能源发展成败的关键依

---

① 蔡茜，黄栋.基于"钻石模型"对中国风能产业的竞争力分析.中国科技论坛，2007(11)；夏太寿，高冉.基于"钻石模型"的江苏风电产业竞争力研究.改革与战略，2011(9)；孙学军.波特钻石模型下酒泉风电产业竞争力分析.开发研究，2011(2).

② 娄伟，李萌.基于情境分析的我国可再生能源战略研究.资源与产业，2010(5).

③ 韩城.实证分析新能源发展的主要影响因素——基于协整分析与格兰杰因果检验.资源与产业，2011(1).

④ 朱永芃.新能源：中国能源产业的发展方向.求是，2009(24)；吴志军，汪洋.对我国光伏产业政策的反思及完善建议.江西社会科学，2013(10).

⑤ 仇保兴.创建低碳社会，提升国家竞争力——英国减排温室气体的经验与启示.城市发展研究，2008(2)；陈晓春，陈思果.中国低碳竞争力评析与提升途径.湘潭大学学报(哲学社会科学版)，2010(2)；乌跃良.国际经验与中国低碳经济发展政策.当代经济研究，2012(4).

⑥ 何建坤.全球绿色低碳发展与公平的国际制度建设.中国人口·资源与环境，2012(5).

⑦ 金和林，姜文，崔文，等.我国可再生能源产业的国际竞争力分析.科教导刊，2013(9).

⑧ 程夏蕾，朱效章.中国小水电可持续发展研究.中国农村水利水电，2009(4).

然是技术创新。①

综合国内有关能源竞争力相关论著来看,国内对可持续能源竞争力研究集中在具体产业方面,风电、水电、太阳能等是主要研究产业,波特的钻石模型是广泛运用的研究工具。对能源产业集群竞争力研究是国内对能源竞争力研究的一个重点方向,环境与产业国际竞争力、中国能源安全等也是学界关注的主要问题。一个重要缺陷在于,竞争力的对比研究均没有体现出成体系的、横向的国别对比,在国际竞争力水平评估方面有缺失。但这些研究采用的方法论与研究工具以及较为新颖的观点与思想有一定的代表性,值得借鉴。

国外文献在国际竞争力水平评估与量化上有所涉及。Zhang Sufang从产业竞争力的角度,用性能(表现)竞争力(1)、国际化竞争力(2)、科技竞争力(3)、产品竞争力(4)、规模竞争力(5)等五个一级指标,以及产品销售收入(1),全球市场累计份额(2),涵盖国家数目(2),主流产品水平(3),高端产品水平(3),产品线和项目类型(4),关键组件支持能力(4),品牌认知(4),雇员数(5),产量(5)等10个二级指标,对中国风力涡轮制造业的国际竞争力进行评估,通过对中国的华锐风电与丹麦的维斯塔斯(Vestas)、西班牙的加美萨(Gamesa)、美国的GE风能、德国的恩德(Nordex),印度的苏司兰(Suzlon)等企业进行横向国际比较,进一步分析并指出了阻碍中国风能涡轮产业发展的主要因素。②

François与Michael以德、法、意、西、英等主要欧洲国家为主体研究对象,通过电价税率(Feed-in Tariffs)、电力市场价格差、可再生资源质量、规章制度、支持计划的稳定性、安装容量以及发电份额等要素从——到++进行分级比较,得出五国之间可持续能源竞争力对比关系。③

国际可再生能源署《2014年可再生能源发电成本》报告从发电成本角度阐述了可再生能源发电竞争力优势。该报告指出可再生能源发电成本已

---

① 韩城.实证分析新能源发展的主要影响因素——基于协整分析与格兰杰因果检验.资源与产业,2011(1).

② Zhang Sufang. International Competitiveness of China's Wind Turbine Manufacturing Industry and Implications for Future Development. *Renewable and Sustainable Energy Reviews*,2012(16).

③ François Julien,Michael Lamla. Competitiveness of Renewable Energies Comparison of Major European Countries. *European University Viadrina Frankfurt (Oder) Department of Business Administration and Economics*,Discussion Paper,2011(302).

下降到与化石燃料发电成本持平甚至更低的水平,太阳能光伏正在进一步拉低可再生能源发电成本。即使减去可再生能源补贴或考虑到油价下跌的因素,生物能源、风能、水能、地热能发电与传统的煤炭、油、气等化石燃料发电相比也具有成本更低廉等竞争优势。继续提高可再生能源发电竞争力,提高可再生能源发电技术是关键,还需要清除与价格无关、阻碍可持续能源发电技术加速开发的市场壁垒,给予可再生能源一个公平竞争的环境。[1]

综合以上文献,可见全球可持续能源竞争力量化评估尚且不足,量化评估对象集中在发达国家、可持续能源利用较为成熟的国家,缺乏对全球代表性国家(如 G20)比较全面、系统的量化对比研究,而这一方面的欠缺也正是本课题组希望弥补的。

3. 研究分析工具

从既有的研究模式来看,分析工具是竞争力测度的核心部分。竞争力测度首先需要确定一个目标时间跨度,竞争力不仅表现为市场竞争中现实的产业实力,而且表现为可预见未来的发展潜力。竞争力测度往往是以研究对象过去或现在作为测度起点,而竞争力往往表现的是研究对象现在或未来的竞争能力。

其次是需要选择有效的分析指标。层次分析法是较为常见的指标体系构建方法。层次分析法(Analytic Hierarchy Process,AHP)是由美国匹兹堡大学教授萨蒂(T. L. Satty)在 20 世纪 70 年代中期提出的一种简单、灵活、实用、科学、易理解的多目标分层次决策方法。[2] 层次分析法将目标分解为多个目标或准则,进而分解为多指标的若干层次,然后用求解判断矩阵特征向量(定性指标模糊量化)的办法,求得每一层次的各元素对上一层次某元素的优先权重,最后再用加权和的方法递阶归并各下级指标对总目标的最终权重。层次分析法比较适合于具有分层交错评价指标的目标系统,而且其目标值又难于定量描述的决策问题。其用法是构造判断矩阵,求出其最大特征值及其所对应的特征向量 W,归一化后,即为某一层次指标对于上一层次某相关指标的相对重要性权值。[3]

再次是选取适合的研究分析工具,一般以模型构造为主。当前,国内外

---

① 国家可再生能源中心 2014. 国际可再生能源发展报告 2014. 北京:中国环境出版社,2014.

② 许树柏. 层次分析法原理. 天津:天津大学出版社,1987.

③ 华东政法大学政治学研究所. 国家参与全球治理指数 2014 年度报告,2014-11-18:21-23.

研究中关于产业竞争力评价模型中有三个主流模型,即波特-邓宁模型、波特价值链模型和金碚—因果模型。[①] 从产业竞争力角度研究竞争力水平,至今最有影响力的工具当属迈克尔·波特于 1990 年提出"钻石模型"。该模型的分析框架,即一个国家(企业)竞争力强弱主要由生产要素,需求条件,相关产业与支持性产业,企业战略、企业结构和同业竞争等四个方面的环境因素决定,为内生决定因素。钻石模型研究重心偏重在国际贸易中可以自由竞争的产业和产业环节,并遵循"强调'国内需求'、'国内供应商'"的国家向度。而各国政府对可持续能源产业的发展基本都采取了财政补贴、税收优惠和特殊保护的政策。

后来的学者对该模型进行完善,使其能够应用于不同国家的产业竞争力研究。英国学者 Dunning 引入"跨国公司商业活动"因素,具有与政府、机遇同样的决定作用,形成更为完善的"波特-邓宁"模型;[②]Rugman 与 Cruz 在研究加拿大国家竞争优势时,将加拿大钻石模型和美国钻石模型联系起来,形成了双钻石模型;[③]复旦大学芮明杰引入"知识吸收与创新能力"要素,认为有了这个核心要素产业才具有持久的竞争力。本课题组基于全球向度(以 G20 为代表)和可持续能源产业发展的基本现状和未来趋势,亦对钻石模型进行了修正。[④]

模型中的权重分配是关系到竞争力能否准确评价的一个重要因素,也是竞争力评估的重要步骤之一,涉及相关要素的选取及其分配。德尔菲法是权重分配程序中广泛应用的一种方法。德尔菲法是以古希腊城市德尔菲(Delphi)命名的反馈匿名函询法,[⑤]由组织者就拟定的问题设计调查表,通过函件分别向选定的专家组成员征询调查,按照规定程序,专家组成员之间通过回答组织者的问题匿名地交流意见,通过几轮征询和反馈,专家们的意见逐渐集中,最后获得具有统计学意义的专家集体判断结果。

---

① 陈红儿,陈刚.区域产业竞争力评价模型与案例分析.中国软科学.2002(1).

② John H Dunning. Internationalizing Porter's Diamond. *Management International Review*, Second Quarter, 1993,33(2):7-15.

③ Alan M. Rugman, D. Cruz, R. Joseph. "The Double Diamond" Model of International Competitiveness: the Canadian Experience. *Management International Review*, Second Quarter, 1993,33(2):17-39.

④ 芮明杰.产业竞争力的新钻石模型.社会科学,2006(4).

⑤ 田军,张朋柱,王刊良,等.基于德尔菲法的专家意见集成模型研究.系统工程理论与实践,2004(1):57-62,69.

实践表明,德尔菲法能够充分利用专家的知识、经验和智慧,对于避免盲目屈从权威或简单少数服从多数,实现决策科学化民主化具有重要价值,已成为权重赋值的有效手段。本探究在指标选取与权重赋值程序上就采用了改良的层次分析法和德尔菲法。

中国国内对产业国际竞争力的主流学术方法论是迈克尔·波特的钻石模型和金碚——因果模型。蛛网图模型也经常作为辅助模型应用,通常用来对比研究对象的数个指标之间的平衡与偏离关系。首先建立一个蛛网结构,圆形蛛网周边由一系列指标围绕,对各指标量化打分,低分数靠近图中心,而高分数则位于外圈,这样就能简明地通过蛛网图看出某个研究对象在哪些指标上具有优势,在那些指标上处于劣势。比如中国社科院发布的绿皮书《全球环境竞争力报告 2013》,对环境竞争力的评估是通过波特五力型展现,模型以五个主要的考量要素分列在蛛网的五个角,通过数据模型测算与五项要素的评分,可以从网状图上整体显示出该国的竞争力是否处于一种均衡状态,并指示出在哪个要素环节比较薄弱。[1]

(五)理论与创新

本课题使用"可持续能源"概念,与传统表述的"可再生能源",如风能、太阳能、生物能、地热能、水电等能源形式有着较多重合,这些能源既是可再生的,又具有可持续性。课题组准确界定了可持续能源与可持续能源发展模式的定义,为后续的定量研究奠定基础。

在此基础上,课题组突破现有以"可再生能源"、"可持续能源系统"为基础的研究范式,开拓了以"可持续能源竞争力"为核心概念的新的可持续能源研究范式。本课题通过引入"可持续能源竞争力"这一概念,对可持续能源竞争力的组成要素及相关子要素进行数理分析,进而对 G20 成员国的可持续能源综合竞争力进行排名。本研究将对既有相关研究中指标体系的各级指标进一步完善,进一步优化各级指标的权重,并结合实践经验,将指标体系合成一个综合指标,准确反映可再生能源对经济、社会、环境可持续发展的贡献程度。

---

[1] 李建平,李闽榕,王金南,等.全球环境竞争力绿皮书:全球环境竞争力报告(2013).北京:社会科学文献出版社,2013.

相对于既有的研究方法论,本研究具有以下创新:

1. 研究方法创新

在研究方法方面,本课题把指标创新摆在了突出的位置。鉴于可持续能源不同于传统化石能源,污染排放几乎可以忽略不计,我们创新性地提出用"碳赤字"指标表示其环境压力。碳赤字研究是在气候变化日益严峻的大背景下开展的,目前国际上尚处于起步阶段。由于其可以为气候政策、温室气体减排、碳交易、碳税等提供科学依据,美国、欧盟等发达国家近年来投入大量人力物力用于此项研究。在国际上,课题组首次将碳足迹与行星边界理论结合,以政府间气候变化委员会(IPCC)最新评估报告确定的目标为依据,本着可持续发展"公平、公正"的原则,对主要国家的碳边界及 2050 年之前的碳排放空间进行了核算,精确测度了各国的碳赤字,从而为量化各国可持续能源发展的环境压力提供了技术支持。

2. 分析工具创新

在分析工具方面,本课题大胆借鉴目前国内较少应用的迈克尔·波特国家竞争力钻石模型,初步将可持续能源国家竞争力分解为生产要素,需求条件,相关产业与支持产业,企业战略、企业结构和同业竞争等四项一级指标,以及资源、资本、技术、劳动力、市场规模、替代成本、环保压力、政策激励、相关产业投资吸引力、企业竞争力等十项二级指标,以及若干三级指标。该指标体系既能充分反映影响一国可持续能源生产和消费的复杂因素,又考虑了数据可得性和可操作性,对其他相关研究将具有积极的借鉴意义。

二、指标体系的理论分析框架

（一）"钻石模型"的引入

迈克尔·波特的"钻石模型"认为，一个国家产业竞争力的强弱主要由四个方面的关键因素决定：[①]

1. 生产要素：一个国家在特定产业竞争中有关生产方面的表现；

2. 需求条件：本国市场对该项产业所提供产品或服务的需求如何；

3. 相关产业与支持性产业：这些产业的相关产业和上下游产业是否具有国际竞争力；

4. 企业战略、企业结构和同业竞争：企业在一个国家的基础、组织和管理形态，以及国内市场竞争对手的表现。

作为以上四个关键要素的补充，波特认为机会和政府在一个国家产业竞争力的形成过程中也扮演着重要角色。"机会"事件会打破原先的竞争状态，提供新的竞争空间，通过影响钻石体系各个关键要素，从而影响一个国家产业竞争力。而"政府"则一直是产业在提升国际竞争力时的热门议题，与四大关键要素及"机会"之间的关系既非正面，也非负面，既可能是产业发展的助力，也可能是障碍，其角色扮演和功能发挥需要根据公共政策的表现加以界定（图 2.1）。

可持续能源竞争力研究选择"钻石模型"作为分析框架，有别于国内外的相关研究，构建了视角新颖和逻辑严密的分析框架与研究范式，兼顾了指标体系设计的科学性、系统性与可操作性，同时也为最后提出有针对性的决策参考，奠定了坚实的理论基础。

---

① ［美］迈克尔·波特.国家竞争力.李明轩,邱如美,译.北京:中信出版社,2012:65.

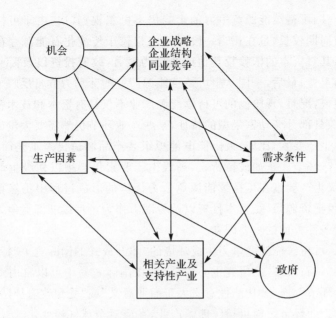

图 2.1　波特"钻石模型"示意图

（二）"钻石模型"的修正

课题组对波特"钻石模型"关键要素及其子要素的相互作用机理进行了深入分析，并从可持续能源竞争力的特殊性出发，对其进行适用性检验和理论修正，以形成一套要素定义明确、边界清晰、可量化评价的指标体系。

第一，可持续能源产业"初级生产要素"的基础性作用。

波特"钻石模型"认为，初级要素包括天然资源、气候、地理位置、非技术人工与半技术人工、资本等，这些要素在当今市场环境下已不再重要，主要是因为对它们的需求减少，供给量却相对增加，而且跨国企业已能通过全球市场网络取得这些生产要素。[①] 但我们认为，其中一些初级生产要素仍然比较重要。首先，同传统化石能源一样，一国可持续能源的分布及储量是由其所处的地理位置及相关自然环境所决定的，具有不可迁移性和高度的时空异质性，且国别之间存在不均衡性，资源禀赋（包括天然资源、气候、地理

---

① ［美］迈克尔·波特.国家竞争力.李明轩，邱如美，译.北京：中信出版社，2012：70.

位置)对一国可持续能源竞争力的影响仍不可忽视;其次,由于可持续能源投资回报周期较长,且在相当一段时间内相较于传统化石能源存在价格劣势,因此,其对资本的依赖较其他产业更为显著,政府投资以及商业资本的进入相当重要;最后,一国从事可持续能源产业的劳动力数量反映了该产业的发展规模,况且,现阶段的可持续能源产业不仅具有资本和技术密集型的特征,又兼具部分劳动密集型的特征,某些产业环节仍然需要大量的劳动力作为基本生产要素,比如:太阳能电池板组装产品制造仍是工艺简单、劳动密集的生产环节。正如波特所言,高级生产要素仍必须以初级生产要素为基础,初级生产要素在可持续能源竞争力优势的形成过程中仍然重要。因此,课题组把资源禀赋、资本投资以及劳动力作为可持续能源竞争力形成过程中生产条件方面的重要因素。

第二,可持续能源竞争力生成环境的"非开放式的国际竞争"特质。

波特"钻石模型"的研究重心偏重于"在国际贸易中可以自由竞争的产业和产业环节",而非"功能性意义大于商业意义"或"受到政府补贴或保护"的产业和产业环节。而可持续能源产业,在应对全球气候变化、防治环境污染、保护自然资源、保障能源供给与安全等领域,其功能性意义恰恰远大于其商业意义,而其正好也是多数国家重点保护与鼓励发展的产业,因此,必须对适用于"开放式的国际竞争"的"钻石模型"进行修正。我们认为,一国的环保压力(如碳减排压力、PM 等大气污染物减排压力等)和政府政策激励(如可持续能源补贴、强制配额、碳税、传统化石能源价格政策等)等因素在可持续能源竞争力的形成过程中皆具有不可忽视的影响力。一国环保压力越大,则其对可持续能源产业发展的需求也越迫切。因此,至少在现阶段,在评价一国的可持续能源竞争力时,须将上述要素作为重要指标进行考量。

第三,厘清"需求条件"及其子要素的边界,精确筛选表征变量。

在波特论证和阐释的过程中,"钻石模型"的"需求条件"囊括了"细分市场需求的结构"、"欢迎内行而挑剔的客户"、"预期需求"、"母国市场规模"、"客户的多寡"、"国内市场的预期需求"、"国内市场提前饱和"、"机动性高的跨国型本地客户"和"国外需求"等若干子要素。一方面,部分要素之间有交叉重叠,甚至与其他关键要素及其子要素的边界也缺乏明确划分。因此,必须厘清与其他关键要素及其子要素的边界,并针对可持续能源产业的特殊性,对"需求条件"的内部子要素进行重新梳理与归纳。另一方面,作为理论阐述,定性分析自然是十分重要的研究方法,然而在指标体系的构建中,要素的可量化却是更为重要的标准和原则,波特"钻石模型"的"需求条件"部分子要素事实上无法量化,因此无从纳入指标体系。课题组在选取相关子要素及其表征变量时,本着边界清晰和可量化评价等原则,将可持续能源竞争力的需求条件分解成市场规模、替代成本、环保压力、政策激励等四个子要素。

第四,将"机会"和"政府"在模型中的角色功能融入其他四个关键要素。

波特的"钻石模型"还强调了"机会"和"政府"在确立产业竞争力过程中扮演的重要角色。"机会"和"政府"角色对可持续能源竞争力的影响,往往需要通过其他关键要素——需求条件,相关产业与支持性产业发展,企业战略、企业结构和同业竞争——发挥作用。课题组认为,"政府"对产业竞争力的作用主要在于适当的创造和利用"机会",加强对四个关键要素的引导和推动。这与波特的观点在逻辑上是一致的,例如,他认为"政府"角色与需求条件的"预期需求"存在相关性:"这种预期需求可能会因该国政策或社会价值而引起"。但是波特仍然把"机会"和"政府"作为相对独立的分析要素,由此带来了要素边界的不确定性。因此,在可持续能源竞争力指标体系理论分析框架的构建中,课题组将"机会"和"政府"的影响有机地融合到四大关键要素中,这样处理既可以使可持续能源竞争力指数综合指标与二级指标之间的联系更为密切,也可使各级相关要素指标之间的逻辑关系更加清晰。

(三)理论分析框架的构建

基于以上四点认识,我们已对波特的"钻石模型"做了进一步细化与修正。我们认为这些因素既可能加快可持续能源在一国的发展,也可能导致其增长停滞不前:

——生产要素:一国在可持续能源产业竞争中有关生产资料方面的表现,一般包括资源禀赋、资本投入、技术水平和劳动力水平等四个子要素。

——需求条件:市场对可持续能源产品或服务的需求,一般包括市场规模、替代成本、环保压力和政策激励等四个子要素。

——相关产业与支持性产业:与可持续能源产业关联紧密或具备提升效应的上下游产业和相关产业的国际竞争力。电力、装备制造、新能源汽车等相关产业对可持续能源产业都具有一定的带动效应。在一定程度上,可持续能源相关产业的投资吸引力代表了相关产业与支持性产业的发展状况与竞争力水平。

——企业战略、企业结构和同业竞争：可持续能源企业在一个国家的基础、组织和管理形态，以及国内市场竞争对手的表现。一国可持续能源产业相关企业的战略水平、管理水平，以及在全球市场中的竞争力是产业竞争力形成的微观基础和直观体现。因此，一国的可持续能源企业在相关企业排名中的数量在一定程度上代表了一个国家可持续能源产业的发展状况和竞争力水平（表2.1）。

表 2.1　指标体系设计的理论分析框架

理论要素	内　涵	外　延
生产要素	一国在可持续能源产业竞争中有关生产资料方面的表现	包括资源禀赋、资本投入、技术水平和劳动力水平等四个子要素
需求条件	市场对可持续能源产品或服务的需求	包括市场规模、替代成本、环保压力和政策激励等四个子要素
相关产业与支持性产业	与可持续能源产业关联紧密或具备提升效应的上下游产业和相关产业的国际竞争力	电力、装备制造、新能源汽车等相关产业对可持续能源产业都具有一定的带动效应。具体表现为可持续能源相关产业的投资吸引力
企业战略、企业结构和同业竞争	可持续能源企业在一个国家的基础、组织和管理形态，以及国内市场竞争对手的表现	可持续能源产业相关企业的战略水平、管理水平，以及全球市场竞争力是竞争力形成的微观基础和直观体现。具体表现为一国的可持续能源企业在相关企业排名中的数量

三、可持续能源竞争力评价指标体系

（一）评价体系指标编制原则

通过借鉴极负盛名的世界经济论坛的《全球竞争力报告》、福建师范大学李建平教授科研团队完成的《全球环境竞争力报告》，以及由北京师范大学李晓西教授科研团队完成的《人类绿色发展报告》等已有研究成果，浙江大学环境与能源政策研究中心遵循以下几项原则，编制了简明扼要的可持续能源竞争力评价指标体系。

第一，理论创新与专家知识相结合的原则。

如前所述，"钻石模型"的"研究重心偏重在国际贸易中可以自由竞争的产业和产业环节"，[①]并遵循"强调'国内需求'、'国内供应商'"的国家向度。而各国政府对可持续能源产业的发展基本都采取了财政补贴、税收优惠和特殊保护的政策，因此，在全球化背景下，课题组基于全球向度和可持续能源产业发展的基本现状和未来趋势，对钻石模型进行了理论修正与创新，并以此来指导指标体系的构建。同时，我们也不拘泥于模型框架，在具体指标尤其是需要测度的三级指标的筛选过程中，我们主要通过内部研讨，以及向国内外相关领域专家发送问卷等方式加以甄选，以便课题研究的理论假设与专家的经验判断能够有机统一。

第二，代表性与可获得性兼顾的原则。

结合"钻石模型"，我们选取了生产要素、需求条件、相关产业与支持性产业以及企业要素作为一级指标，在此基础上，重点分析了可持续能源竞争力与资源、资本、技术、劳动力、市场规模、替代成本、环保压力、政策激励、相关产业投资吸引力、企业竞争力等变量与一级指标之间的关系和作用机制，

---

① [美]迈克尔·波特.国家竞争力.李明轩，邱如美，译.北京：中信出版社，2012：9.

进而提炼出一些最具代表性的可测度的要素指标,使其能够比较客观地反映全球主要国家的可持续能源竞争力状况。在此基础上,我们将指标数据的可获得性作为依据,对这些分解指标进行筛选。换言之,本项研究将围绕促进可持续能源发展这一目标,在筛选具有代表性的要素指标时,针对数据获取以及指标量化的难易进行取舍,以便充分利用国际能源署、国际可再生能源署以及世界银行等权威基础数据库资源,采集具有时效性和比较性的数据,从而准确地测度全球主要国家可持续能源的竞争力水平。例如,二级指标"环保压力"按污染物种类原则上可以设置"二氧化硫减排压力"、"氮氧化物减排压力"、"PM2.5减排压力"及"碳减排压力"等若干三级指标,然而考虑到数据的可获得性、准确性、权威性和可比较性,同时也基于各国对气候变化的普遍重视和二氧化碳排放的全球性影响,我们最终只选择了"碳减排压力"——"碳赤字"作为"环保压力"的三级指标;类似的还有二级指标"替代成本"的三级指标——"汽油价格",二级指标"市场规模"的三级指标——"电力装机总量"等。需要说明的是,由于特定指标选取产生的评估结果与事实现象之间存在一定偏差,尽管不会对各国的整体表现和排名产生较大的影响,但是难免会使人产生疑问,对此我们会在国别分析中加以修正。

第三,经济、社会与环境等多重目标兼顾的原则。

正如世界经济论坛等机构所言,由于经济增长与环境可持续性,以及能源可用性与能源安全等目标经常相互冲突,各国需要根据本国实际情况对上述政策目标做出轻重缓急之分。我们认为,各国政府在推动可持续能源发展的进程中也会面临政策的两难选择。政府希望采用某项政策实现上述所有目标只是一种理想,通过某个具体的驱动因素或激励机制,来追求所有目标并不可行。例如,在德国等一些发达国家率先推行的绿色电力价格制度等激励政策,尽管可以促进可持续能源的发展,但也难以避免市场扭曲、电价上涨等不利后果。面对上述两难选择,政府理应遵循以最小的经济及社会代价实现可持续能源发展目标的原则,即综合运用多种政策组合实现经济发展与环境可持续性、能源可用性与安全性等目标的动态平衡。为此,我们也将这一原则作为筛选指标的一项重要依据。

第四,鼓励竞争与共同进步的原则。

全球可持续能源竞争力报告重点关注的竞争领域集中在两方面:一方面是可持续能源相对于传统化石能源的竞争力,另一方面则是全球主要经济体在可持续能源领域的竞争力。现有研究表明,除了资源禀赋等客观因素,可持续能源能否在以传统化石能源为主体的能源结构中取得重要突破,主要取决于政府是否能够为其发展营造较为理想的市场环境。如果政府给予传统化石能源高额补贴,正如沙特阿拉伯和俄罗斯等油气资源极为丰富的国家所做的那样,那么可持续能源发展前景不容乐观。而一些传统化石能源资源禀赋很差的国家,由于推行了较为高昂的上网电价政策,反而为国内的可持续能源赢得了发展空间。一般来说,只有在国内产业竞争中处于不败之地,才能在国际竞争中站稳脚跟。不难想象,在可持续能源领域有着强大竞争优势的国家,除了拥有可以利用的可持续能源资源禀赋外,更为重要的是这些国家为这一产业在其国内的发展营造了良好的市场竞争环境。套用阿尔·戈尔(Al Gore)的名言,可能除了采取行动的意愿以外,全球主要国家都已经具备发展可持续能源的条件,而发展意愿本身就是一种可持续性资源。

(二)评价指标体系的构建

第一,三级指标的选取与指标体系构建。

三级指标是指标体系中具体反映可持续能源竞争力组成要素的基础性指标,也是指标体系中能够通过采集数据予以测量,并进行计算分析的指标。一般来说,这类指标的选取主要采用三种方法:统计概率法、专家咨询法和理论分析法。[①] 鉴于公开出版物中以全球可持续能源竞争力作为研究对象的中英文文献相当少,以指标出现频率的高低作为选取指标的重要依据缺乏可行性,因此本项研究主要借助理论分析法与专家咨询法相结合的方法,在对可持续能源竞争力以及"钻石模型"的内涵和特征进行综合分析的基础上,经过多轮内部研讨,并广泛征询相关专家的意见,由此确定了三级指标,具体如表 3.1 所示。

---

① 何贤杰.石油安全评价指标体系初步研究.北京:地质出版社,2006:33.

表 3.1 全球可持续能源竞争力指标体系

综合指标	一级指标	二级指标	三级指标
国家可持续能源竞争力综合指数	生产要素	资源（R）	可持续能源资源储量
		资本（C）	可持续能源投资额
		技术（T）	可持续能源技术创新指数
		劳动力（L）	可持续能源从业人数
	需求条件	市场规模（M）	电力总装机容量
		替代成本（S）	汽油价格水平
		环保压力（E）	碳赤字
		政策激励（P）	实施可持续能源激励政策数量
	相关产业与支持性产业	相关产业投资吸引力（A）	可持续能源国家吸引力指数
	企业战略、企业结构和同业竞争	企业竞争力（En）	全球可持续能源企业 500 强数量

第二，指标说明及数据来源（表 3.2）。

（1）可持续能源资源储量

资源储量是衡量资源禀赋的最常用指标。为了避免泛泛而谈，我们参照美国地质调查局（USGS）的资源划分标准，对可持续能源资源储量做了较为清晰的界定，即任何可持续能源在被纳入一国可利用资源储量时需要满足两个条件：经济的可行性与资源的可靠性。经济的可行性，即对这一资源的开发产生的收益大于成本。当然，这一点除了与资源所在区位密切相关外，还与可持续能源技术水平、化石能源的替代价格以及激励政策等因素密不可分。另一方面，由于日照有其间歇性，风往往是不连续的，水力也有枯水期和丰水期，所以可持续能源的资源可靠性远不如传统化石能源，这也是制约资源储量统计的重要因素。

鉴于尚未有机构对各国的可持续能源资源储量做过全面系统的定量统计，对此，我们只能对可持续能源资源储量进行定性评估。具体来说，课题组根据全球能源网络研究所（Global Energy Network Institute）提供的可持续能源资源在全球范围的分布情况，并且对照世界银行等机构提供的各国的国土面积以及森林覆盖率等基础性数据，将全球主要国家的各类可持续能源资源密度分为优、良、中、低、差共 5 个等级，对应等级系数分别为 5、

4、3、2、1;然后将太阳能、风能、水能以及生物质能以其装机总量或者产生的热值的大致比例作为依据,分别赋予 2∶2∶2∶1 的权重,进行加权处理;最后,课题组还根据各类国家国土面积的大小将其分为五个等级,进行加权处理。最终,课题组根据评分值的高低将不同的国家分为高、中、低三个等级,并对应赋值 3、2、1。计算公式如下:

$$IRA = \sum_{i=1}^{5} DRI_i \times wf_i \tag{1}$$

式中:IRA(Index of Resource Availability)为资源可利用量指数;DRI_i(Degree of Resource Density)为第 i 类资源密度等级;wf_i 为第 i 类资源的权重系数。

（2）可持续能源投资额

可持续能源产业属于资本密集型行业,由于对其投资具有规模大、周期长和回收慢等特点,所以资本投入对于可持续能源技术的创新、推广与应用都有着举足轻重的作用。彭博新能源财经(Bloomberg New Energy Finance)自 2004 年成立以来便开始提供清洁能源投资资讯,有着全球最全的清洁能源交易信息数据库,在业内具有很高的权威性与可信度。有鉴于此,课题组选取了皮尤慈善信托基金会(The Pew Charitable Trusts)发布的《谁将在清洁能源竞争中胜出?》(Who's Winning the Clean Energy Race?)系列报告作为数据来源,而该报告的数据便来源于彭博新能源财经数据库。

（3）可持续能源技术创新指数

能源、经济与环境目标的协调发展离不开能源技术水平的持续提高,这同样适用于可持续能源技术。广义上的技术进步包含了整合技术以提高效率、提高产品质量以争取更佳售价、对新产业或产业新环节的渗透、不断提高生产力等。[①] 在能源领域,技术成果推广应用的重要性绝不亚于研发。为此,课题组引用了长期追踪清洁技术创新的国际领先机构——清洁技术集团(Cleantech Group)的清洁技术创新指数(The Global Cleantech Innovation Index)。该指数的总体分数是基于每个国家在清洁技术创新输入和创新输出的平均数。从定义上看,"输入"对应着与技术供应密切相关的创新创造过程,而"输出"则旨在评估该国创造有效需求,推动创新成果转化为商品的能力。从指数构成上看,除了包含新兴清洁技术创新数据外,该指数还考察了清洁技术商业化表现,因此,相对于发明专利数量等传统单一数据

---

① ［美］迈克尔·波特. 国家竞争力. 李明轩,邱如美,译. 北京:中信出版社,2012:144.

指标,该指数更能反映一国在清洁技术创新领域从实验室到大规模生产的整个生命周期的综合表现。

(4)可持续能源从业人数

诚如亚当·斯密(Adam Smith)所言,劳动力是任何国家财富产生的源泉。要评估可持续能源竞争力,自然无法撇开劳动力因素。尽管如此,简单地认为劳动力数量与成本是影响可持续能源竞争力的决定性因素未免言过其实。许多人口众多、劳动力成本低廉的国家并不具备相应的竞争力,而一些劳动力相对稀缺且劳动力成本高得多的欧洲国家却有着较强的市场竞争力,这主要源于后者具备高效的组织能力,能够将本国受过良好教育的人力资源进行优化组合,并提供符合市场需求的产品与服务。为此,课题组并未选取各国的适龄劳动力人数或者平均工资水平作为衡量标准,而是选取了各国可持续能源从业人员数量作为衡量标准,国际可再生能源署则为本项研究提供了较为可靠的各国可持续能源从业人员数据。

(5)电力总装机容量

可持续能源行业的规模经济效应十分明显。国外有研究表明,一旦技术被证明是可行的,市场规模的大小会推动可持续能源价格的变化。典型的表现是,当市场容量扩大到原来的 2 倍时,商品的价格就会降低 20％。[1]这充分表明内需市场是产业发展的原动力,市场需求会刺激企业进行创新,进而提高自身的效率。鉴于可持续能源最终转化的能源形式以电力为主,可持续能源产生的电力与传统化石能源产生的电力存在着一种替代或互补关系,因此,课题组选取了电力总装机容量来衡量各国的整体市场规模,它能够反映各国可供开发的可持续能源内需市场的总体容量,而美国能源部能源信息署(EIA)则为本项研究提供了所需的各国电力装机量数据。

(6)汽油价格水平

可持续能源与传统化石能源之间存在着替代关系,随着传统化石能源日益稀缺和能源价格上涨,可持续能源的替代性会越来越强。在化石能源价格比较低的时候,可持续能源替代成本就比较高,替代动力不足,替代投资就相对较高,替代缺乏经济可行性。但随着化石能源价格上涨,替代动力与替代条件更为充分,替代投资成本就会下降,替代的可能性就更高。[2] 一

---

① [澳]卡尔·马伦.可再生能源政策与政治——决策指南.锁箭,闵宏,董红永,等,译.北京:经济管理出版社,2014:6.

② 林伯强.中国能源经济的改革和发展.北京:科学出版社,2013:19.

且化石能源价格涨得足够高,很多可持续能源都将具备市场竞争力。作为全球最常用的化石能源价格衡量指标之一,汽油价格可以较为准确地反映各国化石能源的价格水平。从现实情况看,一国国内汽油价格越高,就可能会引发越多可持续能源取代化石燃料。西欧、日本以及其他能源利用更加清洁高效的发达国家莫不如此。全球汽油价格网(globalpetrolprices.com)则为本项研究提供了翔实的各国汽油价格数据。

(7)碳赤字

碳元素是生物地球化学循环中最活跃、最重要的一员。碳赤字研究是在气候变化日益严峻的大背景下开展的,旨在为应对气候变化、温室气体减排、碳交易、碳税等提供政策依据。美国、欧盟等发达国家近年来投入大量人力物力用于碳赤字研究,并将其作为全球变化研究的首要课题。课题组在前期理论创新的系列成果基础上[1][2],将碳足迹与国际上非常著名的"行星边界"理论结合起来,以政府间气候变化委员会(IPCC)最新评估报告确定的目标为依据,本着可持续发展"公平、公正"的原则,对各国的年际碳排放量及2050年之前的碳排放空间进行了精确核算,并据此测度了各国的碳赤字,从而为量化温室气体排放的环境压力提供了科学评估结果。

(8)实施可持续能源激励政策数量

政策的稳定是确保市场稳定的基础,它与可持续能源价格与产量都有着密切联系。鉴于可持续能源技术在商业转化方面已经较为成功,政府直接出资弥补可持续能源与传统化石能源成本差异的必要性已经大为降低。相对于经济激励而言,政府更擅长的领域是政策激励与立法支持,以便利用稳定的政策预期激发企业的投资热情。而为了防范气候变化、环境污染以及化石燃料价格大幅波动带来的危害,各国政府已经出台了一系列政策鼓励可持续能源产业发展。这些政策不仅降低了化石燃料利用带来的环境问题,同时也加快了能源转型速度。本项研究关注的可持续能源激励政策涵盖了碳排放总量控制政策、碳市场、可再生能源标准、清洁能源税收激励、汽车能效标准、上网电价、政府采购、绿色债券等八项政策。皮尤慈善信托基

---

[1]　Fang K，Heijungs R，de Snoo R G. Understanding the Complementary Linkages Between Environmental Footprints and Planetary Boundaries in a Footprint-boundary Environmental Sustainability Assessment Framework. *Ecological Economics*，2015，114：218-226.

[2]　Fang K，Heijungs R，Duan Z，de Snoo R G 2015. The Environmental Sustainability of Nations：Benchmarking the Water，Carbon and Land Footprints with Allocated Planetary Boundaries. *Sustainability*，2015，7：11285-11305.

金会发布的《谁将在清洁能源竞争中胜出?》系列研究报告则是统计相关国家可持续能源激励政策数量的文本依据。

(9)可持续能源国家吸引力指数

要想提升可持续能源产业的竞争优势,一国需要在基础设施、产业集群、供应商、客户以及投融资等各方面齐头并进。为了更好地评估可持续能源相关产业与支持性产业的表现水平,本项研究选取了全球知名的安永会计师事务所编制的《可再生能源国家吸引力指数》(Renewable Energy Country Attractiveness Index)作为数据来源。这一指数是安永为了评估全球重要国家在包括太阳能、风能、生物质能、水电等可再生能源投资环境方面的优劣程度而制定的。该指数主要就一国可再生能源市场、可再生能源基础设施以及各项技术的适配性打分,并根据各国的综合得分进行排名,目前该指数已经涵盖全球 40 个国家。

(10)全球可持续能源企业 500 强数量

从企业战略、企业结构和同业竞争的角度看,企业和同业竞争的重要性不言而喻,可持续能源产业的微观主体——企业,其战略越是正确和与时俱进,其结构越是合理高效,则其越具生产活力和行业竞争力;同业竞争越是自由激烈,则产业发展环境越是优越,资源配置越是高效;那么最终该国的可持续能源产业竞争力自然越是强大。与油气行业不同的是,在可持续能源领域大多是规模较小的中小企业,这些企业竞争充分,技术进步很快,并没有形成类似于石油巨头垄断的局面。为了衡量可持续能源同业竞争的活跃度,本项研究选取了《中国能源报》与中国能源经济研究院共同推出的"全球新能源企业 500 强"评估报告作为研究数据源。该项研究自 2011 年开始,目前已经成功举办三届,其旨在为新能源行业发展树立一根标杆,本项研究选取的是时效性最佳的《2014 全球新能源企业 500 强》评估报告。

表 3.2 评价体系指标说明及数据来源

指标名称	指标说明	数据来源
可持续能源资源储量	资源储量是衡量资源禀赋的最常用指标,反映了一国可开发资源潜力。可持续能源资源储量计算公式如下: $$IRA = \sum_{i=1}^{5} DRI_i \times wf_i$$ 式中:IRA(Index of Resource Availability)为资源可利用量指数;DRI_i(Degree of Resource Density)为第 i 类资源密度等级;wf_i 为第 i 类资源的权重系数。数值越高,表明资源储量越大	Global Energy Network Institute
可持续能源投资额	可持续能源产业属于资本密集型行业,资本投入对于产业发展至关重要,课题组选取 2010 年至 2013 年四年间投资总额作为衡量标准。投资额越高,表明资本存量就越大	Bloomberg New Energy Finance
可持续能源技术创新指数	广义上的技术进步包含了整合技术以提高效率、提高产品质量以争取更佳售价、对新产业或产业新环节的渗透、不断提高生产力等。课题组引用清洁技术集团(Cleantech Group)的清洁技术创新指数,数值越高,表明可持续能源技术创新能力越强	The Global Cleantech Innovation Index
可持续能源从业人数	劳动力是任何国家财富产生的源泉,为了综合评估劳动力数量、素质、雇佣成本及组织能力,课题组选取了各国可持续能源从业人员数量作为衡量标准。从业人数越多,表明该行业规模越大	International Renewable Energy Agency, http://resourceirena.irena.org/
电力总装机容量	可持续能源规模经济效应明显,市场容量翻一番商品价格就降低 20%。鉴于可持续能源产生的电力与化石能源产生的电力有着替代关系,课题组选取了能够反映各国内需市场总量的电力总装机容量作为衡量标准。总装机容量越大,则整体市场规模大	U. S. Energy Information Administration, http://www.eia.gov/
汽油价格水平	可持续能源与传统化石能源之间存在着替代关系。作为全球最常用的化石能源价格衡量指标之一,汽油价格可以较为准确地反映各国化石能源的价格水平。一国国内汽油价格越高,就可能导致越多可持续能源取代化石燃料	globalpetrolprices.com

续表

指标名称	指标说明	数据来源
碳赤字	碳赤字研究旨在为应对气候变化、温室气体减排、碳交易、碳税等提供政策依据。课题组将碳足迹与"行星边界"理论相结合,以政府间气候变化委员会(IPCC)最新评估报告确定的目标为依据,本着"公平、公正"的原则,对各国年际碳排放量及 2050 年前碳排放空间进行了精确核算。碳赤字越高,表明开发可持续能源的国际压力越大	课题组自测数据
实施可持续能源激励政策数量	政策的稳定是确保市场稳定的基础,它与可持续能源价格与产量都有密切联系。本项研究关注的激励政策涵盖了碳排放总量控制政策、碳市场、可再生能源标准、清洁能源税收激励、汽车能效标准、上网电价、政府采购、绿色债券等八大重要领域。实施的政策覆盖领域越广泛,则表明政府越重视可持续能源发展	Who Winning the Clean Energy Race
可持续能源国家吸引力指数	一国可持续能源竞争力与基础设施、产业集群、供应商、客户与投融资等因素息息相关。为评估全球主要国家可持续能源投资环境的优劣程度,本项研究选取了安永会计师事务所编制的《可再生能源国家吸引力指数》作为依据,指数得分越高,表明产业投资吸引力越大	Renewable Energy Country Attractiveness Index 2015
全球可持续能源企业 500 强数量	企业作为竞争主体在可持续能源产业竞争力中发挥重要作用。新能源行业里 500 强企业数量越多,该国产业实力越强,竞争力越强	《2014 全球新能源企业 500 强排行榜》

四、指标权重确定和指数统计测算

（一）指标权重确定及其方法

1. 指标权重确定的方法

指标权重确定，直接关系到评价指标体系的科学性和公正性，也最容易引起评论者的批评。一般说来，等权重赋值与不等权重赋值都是可以借鉴的权重确定的方法。等权重赋值如李晓西"人类绿色发展指数（HGDI）"，以及世界经济论坛和埃森哲（Accenture）的"全球能源架构绩效指数（EA-PI）"；非等权重赋值如华东政法大学的"国家参与全球治理指数（SPIGG）"、福建师范大学的"全球环境竞争力（指数）"和世界经济论坛"全球竞争力指数（GCI）"。鉴于相关子要素对可持续能源竞争力综合指数的贡献值明显存在区别，为了确保各级要素指标权重的公平客观，并使其测量符合科学与合理要求，课题组充分参照国内外相关学术文献、政府文献、专业书籍等已有研究成果，并且征求国内外相关领域专家意见，对各级要素指标的重要程度进行论证，采用"德尔菲法"与层次分析法（AHP）相结合的权重分配方法。

德尔菲法，是以古希腊城市德尔菲（Delphi）命名的反馈匿名函询法，[①] 由组织者就拟定的问题设计调查表，通过函件分别向选定的专家组成员征询调查，按照规定程序，专家组成员之间通过回答组织者的问题匿名地交流意见，通过几轮征询和反馈，专家们的意见逐渐集中，最后获得具有统计学意义的专家集体判断结果。实践表明，德尔菲法能够充分利用专家的知识、

---

① 田军,张朋柱,王刊良,汪应洛.基于德尔菲法的专家意见集成模型研究.系统工程理论与实践,2004(1)：57-62,69.

经验和智慧,对于避免盲目屈从权威或简单少数服从多数,实现决策科学化民主化具有重要价值,已成为权重赋值的有效手段。

层次分析法(AHP)是对难于完全定量的复杂系统做出决策的建模方法。通过分析复杂问题包含的因素及其相互联系,将问题分解为不同的要素,并将这些要素归并为不同的层次,从而形成多层次结构。本课题将可持续能源竞争力综合指标权重赋值作为决策问题,对其进行层次化处理,将可持续能源竞争力综合指数作为最高层级的总目标,将生产要素等四大要素作为第二层级,将资源禀赋等10个要素作为第三层级,将可持续能源竞争力研究指标体系权重归结为各级指标相对于最高层级总目标——综合指数的相对重要程度的权值。如此处理,便可将权重赋值过程系统化、数学化和模型化,便于操作与计算,易于理解和接受,具有多重优势:

(1)将定性分析与定量分析相结合,能够处理许多用最优化技术无法解决的实际问题,因为通常最优化方法只能用于定量分析。可持续能源竞争力综合指数的各级子要素之间的重要程度无法精确定量,层次分析法就提供了相应的量化方法与计算方法。

(2)操作方式简便易行,它可以将相对复杂困难的权重赋值问题,简化为两两对比的简单问题。可持续能源竞争力综合指数的子要素指标共计10个,若统一赋值,将给受访专家带来极大的困扰,其结果的科学性也将大打折扣。为此,课题组通过层次分析法的运用,将10个指标权重统一赋值问题,简化为区分度更为明显、操作更为便利的一对一比较,1~9的标度也符合具有不同专业背景的专家的基本判断能力。

(3)层次分析模型的输入数据主要是研究者和咨询专家的选择和判断,充分反映和利用了专家对综合问题的认知能力。可持续能源竞争力综合指数子要素指标权重赋值的相关咨询专家都是国内外多年从事能源相关研究的专家学者和企业及政府机构的资深人士,层次分析法为课题组应用他们的学识才智和研究经验提供了便捷有效的工具。

(4)分析时所需要的定量数据量在可掌控范围内,足以保证对问题的本质、所涉及的要素及其内在关联分析得比较透彻、清晰。可持续能源竞争力综合指数子要素指标权重赋值,并不需要受访专家全面精确地掌握或利用相关数据,而把重点放在不同层级不同要素之间的有机联系上,仅需根据其专业水平和经验积累进行综合研判。

2. 指标权重确定

步骤一:建立递阶层次结构,构造层次分析模型

对各国的可持续能源发展状况进行评价,不仅需要进行详尽深入的理论分析和探讨,更需要将其纳入一个相对公平合理的评价框架。为此,课题研究运用层次分析法,将内容庞杂、数据紊乱、因素繁多、可比性差、难以量化的可持续能源发展的复杂系统,简化为层次清晰、结构严谨、因素有限、数据可比、可量化研究的层次结构模型(图 4.1)。

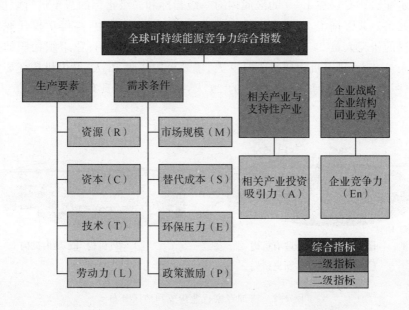

图 4.1 全球可持续能源竞争力指标体系的层次分析模型

综合指标层:通过国家可持续能源产业竞争力综合指数,测算 G20 国家可持续能源产业竞争力的高低。

一级指标层:指影响目标实现的基本理论架构,本次研究的一级指标层采用了"钻石模型"的分析框架,包含生产要素,需求条件,相关产业与支持性产业,企业战略、企业结构和同业竞争等四个方面。

二级指标层:指影响一级指标实现的分解指标,本次研究的二级指标共计 10 个,即资源(R)、资本(C)、技术(T)、劳动力(L)、市场规模(M)、替代成本(S)、环保压力(E)、政策激励(P),相关产业投资吸引力(A)、企业竞争力(En)。

三级指标层:指影响二级指标实现的分解指标,本次研究的三级指标和二级指标一一对应,三级指标共计 10 个,包括:可持续能源资源储量(+)、可持续能源投资额(+)、可持续能源技术创新指数(+)、可持续能源从业人数(+)、电力总装机容量(+)、汽油价格水平(+)、碳赤字(+)、实施可持续能源激励政策数量(+)、可持续能源国家吸引力指数(+)、全球可持续能源企业 500 强数量(+)。

步骤二:构造判断矩阵并赋值

利用 YAAHP 层次分析法软件进行建模后,直接生成调查问卷,[①]采用德尔菲法让专家在 1~9 的区间内对一级指标和二级指标的权重进行赋值。课题组一共咨询了 42 位专家学者或业内资深人士,其中,高等学校任职或就读的研究人员 24 人,政府机构任职人员 1 人,企业及行业组织任职的研究人员 8 人,研究机构研究人员 9 人;境外机构任职 13 人,境内机构任职 29 人(图 4.2);具有博士学历学位的 29 人,占 69.05%;具有高级职称 16 人,占 38.10%。

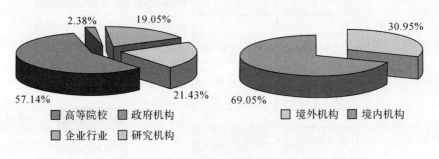

2.38%　　19.05%　　57.14%　　21.43%

■ 高等院校　■ 政府机构
■ 企业行业　■ 研究机构

30.95%　　69.05%

■ 境外机构　■ 境内机构

图 4.2　咨询专家行业构成和地区分布

步骤三:层次单排序(计算权向量)与检验

判断矩阵满足一致性检验,在检验结果基础之上,最终确定指标权重,如表 4.1 所示。

---

① 详见附件一《全球可持续能源竞争力评价指标权重专家问卷》。

表 4.1　全球可持续能源竞争力指数指标权重

一级指标	二级指标	权重
生产要素	资源（R）	0.0777
	资本（C）	0.0953
	技术（T）	0.1306
	劳动力（L）	0.0266
需求条件	市场规模（M）	0.1029
	替代成本（S）	0.1004
	环保压力（E）	0.0726
	政策激励（P）	0.1238
相关产业与支持性产业	相关产业投资吸引力（A）	0.1333
企业战略、企业结构和同业竞争	企业竞争力（En）	0.1368

注：由于三级指标与二级指标之间是一一对应关系，二级指标权重即为三级指标权重

（二）指数统计测算及方法

1. 数据标准化

对评价指标进行一致性处理，是指数测算的重要环节，也是统计测算的基本步骤。在对比分析人类发展指数（HDI）、环境可持续性指数（ESI）、环境绩效指数（EPI）、全球竞争力指数（GCI）、人类绿色发展指数（HGDI）、国家参与全球治理指数（SPIGG）等国内外权威指数测算方法的基础上，本课题采用最大最小值法与方差标准化法分别进行了标准化，并加以比较。基于数据表达的直观性和统计分析的需要，课题组最终采用最大最小值法对可持续能源产业竞争力综合指数子要素的相关数据进行标准化，即先确定10个指标的组内最大值和最小值，然后进行标准化。标准化结果如表 4.2所示。

表 4.2 三级指标数据标准结果

指标\国家	资源	资本	技术	劳动力	市场规模	替代成本	环保压力	政策激励	产业	企业
阿根廷	0.5000	0.0000	0.1713	0.0106	0.0181	0.7848	0.0261	0.4000	0.0000	0.0061
澳大利亚	1.0000	0.0746	0.3951	0.0155	0.0422	0.5443	0.7015	0.4000	0.4479	0.0675
巴西	1.0000	0.1044	0.3427	0.3380	0.0931	0.5823	0.0858	0.8000	0.4676	0.0798
加拿大	1.0000	0.0952	0.7063	0.0121	0.1043	0.4937	0.6642	0.4000	0.5549	0.0429
中国	1.0000	1.0000	0.4825	1.0000	1.0000	0.5633	0.0485	1.0000	1.0000	1.0000
丹麦	0.0000	0.0051	0.9231	0.0205	0.0000	1.0000	0.5000	1.0000	0.3296	0.0429
法国	0.0000	0.0686	0.5490	0.0690	0.0991	0.8671	0.4216	0.8000	0.5296	0.0859
德国	0.0000	0.4747	0.6888	0.1398	0.1405	0.8544	0.4963	0.6000	0.7380	0.2945
印度	0.5000	0.1186	0.3986	0.1478	0.2078	0.5570	0.0000	0.6000	0.6197	0.0552
印度尼西亚	0.5000	0.0009	0.1329	0.0030	0.0293	0.3291	0.0037	0.0000	0.0479	0.0000
意大利	0.0000	0.2705	0.2552	0.0379	0.0948	1.0000	0.3694	0.8000	0.3324	0.0552
日本	0.0000	0.2558	0.5769	0.0193	0.2405	0.6013	0.4478	0.4000	0.6873	0.2515
墨西哥	0.5000	0.2319	0.1189	0.0000	0.0414	0.5063	0.1418	0.6000	0.2761	0.0000
俄罗斯	1.0000	0.0000	0.0000	0.0000	0.1897	0.3165	0.3097	0.0000	0.0000	0.0000
沙特阿拉伯	0.5000	0.0000	0.1573	0.0000	0.0345	0.0000	0.6642	0.0000	0.1042	0.0000
南非	0.5000	0.0421	0.1958	0.0099	0.0267	0.5886	0.1567	0.2000	0.3690	0.0061
韩国	0.0000	0.0062	0.5734	0.0049	0.0690	0.7722	0.2761	0.8000	0.4197	0.1779
西班牙	0.5000	0.0714	0.3112	0.0424	0.0784	0.7722	0.3396	0.4000	0.2535	0.0982
土耳其	0.5000	0.0112	0.1783	0.0000	0.0371	0.9747	0.1045	0.0000	0.3211	0.0000
英国	0.0000	0.1475	0.7098	0.0239	0.0690	0.9684	0.5075	1.0000	0.5183	0.0368
美国	1.0000	0.7022	1.0000	0.2361	0.9043	0.3354	1.0000	1.0000	0.9352	0.4540

2. 综合指数计算及排名

根据权重和标准化数据,汇总计算可得 G20 国家可持续能源竞争力综合指数,如表 4.3 所示。

表 4.3　G20 国家可持续能源竞争综合指数及排名

国家	得分	百分值	排名
中国	0.8195	81.95	1
美国	0.7914	79.14	2
德国	0.4881	48.81	3
英国	0.4465	44.65	4
丹麦	0.4319	43.19	5
加拿大	0.4172	41.72	6
日本	0.3934	39.34	7
法国	0.3893	38.93	8
巴西	0.3879	38.79	9
澳大利亚	0.3652	36.52	10
韩国	0.3596	35.96	11
意大利	0.3480	34.80	12
印度	0.3479	34.79	13
西班牙	0.2944	29.44	14
墨西哥	0.2529	25.29	15
南非	0.2167	21.67	16
土耳其	0.2153	21.53	17
阿根廷	0.1944	19.44	18
俄罗斯	0.1515	15.15	19
沙特阿拉伯	0.1251	12.51	20
印度尼西亚	0.0991	9.91	21

五、各国可持续能源竞争力指数分析

（一）各国可持续能源竞争力排序

通过对二、三级指标数据及其相应权重的计算,我们得出了 G20 国家可持续能源竞争力的排名与表现情况(图 5.1)。从中可以发现,中国可持续能源竞争力位列首位,在 G20 国家中具有很强的可持续能源产业竞争优势。美国排名第二,与中国的综合得分相差不多。而排名第三的德国则与中美两国差距较大,这主要是因为德国在资源禀赋和市场规模等方面的表现不如中美两国。英国、丹麦是除德国以外,竞争力较强的欧盟国家,两者都超过了国土面积和资源禀赋远为出色的加拿大。巴西作为新兴经济体,也是较具竞争力的发展中国家。排名靠后的国家包括印度尼西亚、沙特阿拉伯、俄罗斯、阿根廷、土耳其等,这些国家的可持续能源竞争力总体较弱。

（二）可持续能源竞争力指标横向比较分析

1. 生产要素

（1）资源因素

资源禀赋条件是各国发展可持续能源的物质基础,也是可持续能源产业的重要动力来源。一国的可持续资源储备越丰富,开发潜力越大,资源的转换效率也就越高;而可持续资源条件较差的国家,则面临较大的开发难度和资源上的竞争劣势。

本报告认为资源储量是衡量一国可持续能源资源禀赋情况的主要指标。为更清晰地掌握 G20 各个国家的可持续能源资源情况,本报告根据各

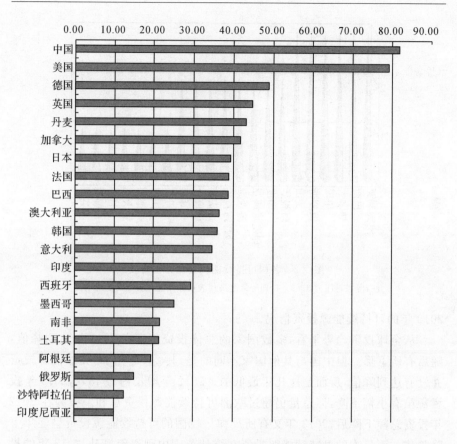

图 5.1 G20 国家可持续能源竞争力排名

国资源储量情况,对 20 个国家可持续能源资源的丰裕程度进行等级划分,共计 3 个等级。从图 5.2 可以发现,中国、美国、加拿大、澳大利亚、巴西和俄罗斯等属于第三等级,可持续能源资源储量优越。这些国家有一个共同的特征,即都是 G20 中国土面积广阔的国家,这为它们赢得了资源比较优势。阿根廷、印度、印度尼西亚、墨西哥、西班牙、土耳其、沙特阿拉伯、南非等为中间等级的国家。丹麦、法国、德国、意大利、日本、韩国等为相对贫瘠的国家,与其他国家相比,它们的国土面积往往不大,在资源储量上并不具备突出的竞争优势。

(2)资本因素

可持续能源大多属资金及技术密集型产业,资本投入水平影响一国可持续能源产业的发展容量和技术水平。本报告共统计了 G20 国家 2010—

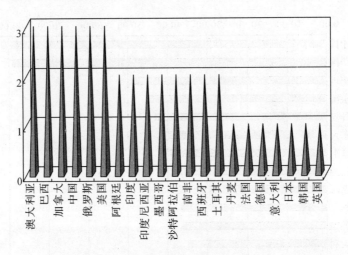

图 5.2　各国可持续能源资源分布情况

注:等级排序为 3＞2＞1,即等级越高代表可持续能源资源储量越丰富

2013 年的可持续能源投资情况。

从全球投资趋势来看,多数国家的总体投资额度在 2011 年达到峰值,随后有所下降。但中国与其他国家不同的是,其 2011 年的可持续能源投资并没有达到峰值,反而是这几年最低的。2012 年增长约为 43%,2013 年投资额虽有小幅下降,但总量仍超过欧洲可持续能源投资总和。美国在 2012 年投资总额下降后,2013 年又有所反弹。德国的可持续能源投资呈逐年下降趋势。而日本的可持续能源投资在统计范围内则逐年提升,2013 年的投资额已居世界第三,仅次于中国和美国。

从各国四年累计投资额度来看,中国的可持续能源投资总额最高,高达 2192 亿美元,比位居第二位的美国高出 649 亿美元。德国虽然体量较小,但仍以四年累计 1047 亿美元的投资总额排名第三,意大利、日本和墨西哥的投资总额也位居前列,均在 500 亿美元以上。而俄罗斯、沙特阿拉伯、阿根廷和印尼等国的投资总额非常小(图 5.3)。由此可见,中国、美国、德国、意大利、日本的可持续能源投资在 G20 国家中相对较高,资本投入力度较大。

(3)技术因素

技术水平是决定可持续能源发展进程的核心因素。先进的技术开发与应用能力将会提高一国自身的设备生产能力和系统消纳能力,并满足不断扩大的可持续能源市场需求与电网的接入和传输要求。

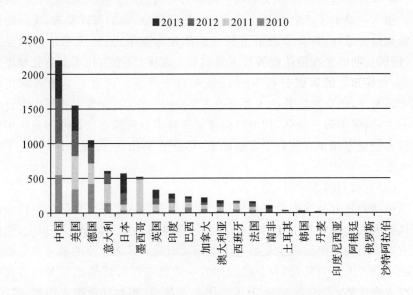

图 5.3　各国可持续能源近年投资额度(单位:亿美元)

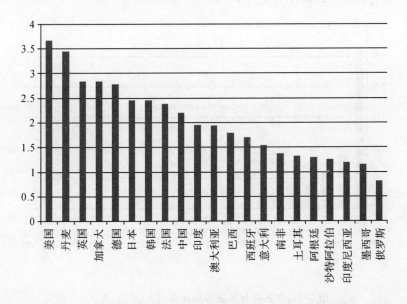

图 5.4　各国可持续能源技术竞争力(清洁能源技术创新指数)

全球可持续能源技术水平与创新能力较强的国家包括美国、丹麦、英国等。图 5.4 显示了清洁能源技术创新指数的得分，我们可以发现，美国的创新指数得分最高，具有最强的可持续能源技术竞争力；排名第二的则是丹麦，该国长期以来在清洁能源技术领域都表现优异，清洁技术商业化程度尤其高，世界知名的风能公司 Vestas 就来自于丹麦。这也是本报告除传统G20 国家外，还单独将其纳入考查的主要原因。英国、加拿大和德国得分相差不大，同属于第三梯队，均为可持续能源技术创新能力较高的国家。中国在技术创新方面相对落后于发达国家，得分低于日本、韩国和法国，处于中等水平。

（4）劳动力因素

劳动力是可持续能源产业生产要素的重要因素之一。中国的可持续能源从业人数遥遥领先于其他国家，目前占全球总从业人数的1/3 以上，中国在就业方面的突出表现主要得益于中国太阳能和风能产业的迅速发展和规模的不断扩大。另外，同为金砖四国之一的巴西在可持续能源劳动力人数中也占有优势，大约为 89.4 万人。图 5.5 显示，相对其他国家而言，美国、印度、德国、法国的劳动力人数也处于前列。土耳其、沙特阿拉伯、俄罗斯、墨西哥的就业人数则在万人以下。

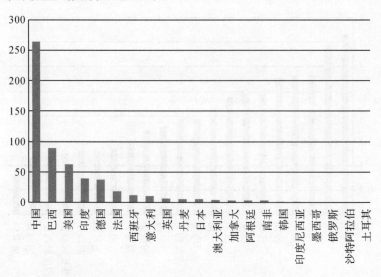

图 5.5　各国可持续能源从业劳动力（单位：万人）

2. 需求条件

（1）市场规模

一国的能源供应受其需求影响,市场规模越大,未来预期能源增量需求越高,可持续能源发展空间就越大。由于可持续能源主要应用于电力领域,所以本报告选取各国电力装机总容量评估一国的市场规模大小。

以体量来看,中国和美国保持前两名,美国仅比中国少111GW的装机容量,二者遥遥领先位居第三的日本。日本的电力装机容量是中国的27%左右。其次,印度和俄罗斯的电力装机容量也相对较大,与日本一样,同在200GW以上。德国的电力总装机量也较高,已超过加拿大,排名第六。国土面积辽阔的澳大利亚却排在了法国、意大利、巴西和西班牙等国的后面,这主要是由其独特的人口地理分布和产业结构决定的(图5.6)。值得注意的是,在市场规模上,丹麦的电力装机容量是所有研究国家中最低的,但是其总体可持续能源竞争力却排名第五,可见丹麦在其他因素中表现非常优异,较小的市场规模并未对其造成太大的负面影响。

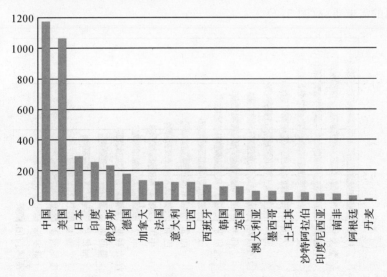

图 5.6　各国电力总装机情况(单位:GW)

（2）替代效应

可持续能源与传统化石能源存在着一定的竞争关系。鉴于每个国家的能源需求总量是相对稳定的,可持续能源利用率的提高将会侵蚀传统能源的市场份额,因此,可持续能源与传统化石能源之间存在替代效应。由于能源具有商品属性,使用成本将是市场选择能源类型的重要因素。

可持续能源作为一种新兴的能源类型,当前的成本相对较高。一般而言,如果一国化石能源的使用成本越低,可持续能源对它的替代性也就越弱。相反,如果一国的化石能源成本较高,则可持续能源的替代性也随之增强。

本报告选择石油产品的终端价格作为可持续能源替代效应的指标,对G20 国家的汽油零售价格进行了统计。统计数据显示,丹麦、意大利、德国、法国、英国、土耳其和西班牙等国家的汽油零售价格较高,处于统计国家中等偏上水平。而这些国家大多来自于欧洲,可见欧洲一些国家的石油资源相对贫乏,石油产品终端零售价格较高,不具有经济性,可持续能源对其替代效应较强。沙特阿拉伯、俄罗斯等国得益于丰富的油气资源,汽油零售价格相对较低,市场对可持续能源替代的需求也较低。作为制造业大国和"再工业化"国家,中国和美国的汽油零售价分别处于中等偏上和中等偏下水平,与美国相比,中国的汽油价格更高,因此相对于美国来说,中国对可持续能源的需求更强(图 5.7)。

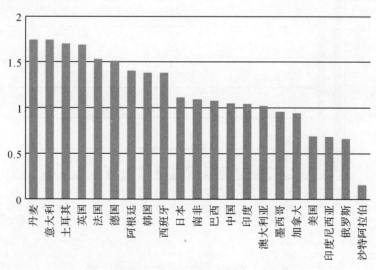

图 5.7　各国可持续能源替代成本(汽油零售价格)对比(单位:美元/升)

(3)环保压力

低碳是可持续能源的竞争优势,当前不论是为了应对气候变化谈判,还是出于本国经济的可持续发展考虑,各国都面临着来自国内外的环境保护压力。可持续能源具有清洁、绿色、低碳的突出特征,利用更多的可持续能源代替传统的高碳、高污染能源将有效缓解一国的环保压力。

"碳空间"为各国的碳排放设立了上限。一国碳排放越多,超出碳空间阈值的程度越高,碳赤字也就越高。碳赤字与环保压力成正比,当碳赤字的值为正时,说明碳排放已经超过给定的碳空间,该国亟须节能减排,降低碳排放;当碳赤字为负时,说明碳减排的压力较小。根据课题组自研模型的测算,美国的碳赤字最高,面临巨大的环保压力;其次是澳大利亚、沙特阿拉伯、加拿大等国家。英国、丹麦、德国、法国等欧洲国家由于较高的人均碳排放,同样具有较大的环保压力。而作为新兴国家的中国和巴西,由于尚未承担国际性强制减排义务,仅从碳赤字看,环保压力相对较小(图 5.8)。

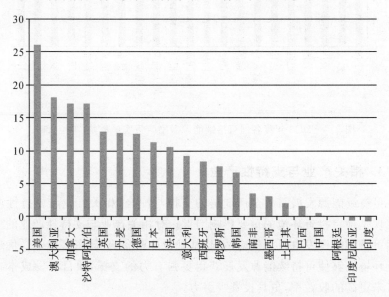

图 5.8　各国人均碳赤字情况(单位:吨/人)

(4)政策激励

作为新兴的能源类型,可持续能源产业发展离不开政策的支持与激励。目前,大部分国家都实施了刺激可持续能源投资、促进可持续能源产业发展的政策。本报告对 G20 国家可持续能源激励政策的数量进行了统计。结果显示,中国、美国、英国和丹麦的政策实施数量处于前列,在碳排放总量控制、可再生能源标准、税收激励、上网电价等方面颁布实施了相关政策;法国、意大利、韩国和巴西实施的激励政策次之;德国、印度和墨西哥则处于第三梯队;而印尼、土耳其、俄罗斯、沙特阿拉伯在政策上对可持续能源产业的激励方面较为薄弱,实施政策较少或缺乏政策意愿(图5.9)。

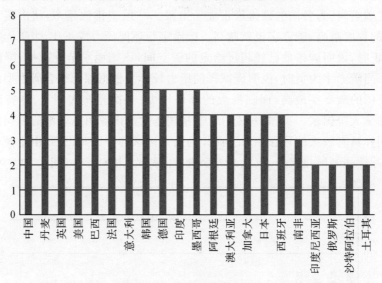

图5.9　2013年度各国可持续能源激励政策实施数量(单位:部)

3. 相关产业与支持性产业

可持续能源发展需要全产业链的支持与配合,相关产业与支持性产业的表现是项目投资环境的重要影响因素。对相关产业与支持性产业的考察包括可持续能源发电设备供应情况、基础设施配备、投融资环境等。优越的产业环境能够使可持续能源发展获得更强有力的支撑,项目开发成本减少并带来更高的收益率,更具投资吸引力。

基于安永会计师事务所发布的可再生能源国家投资吸引力指数,中国、美国、德国具备比较好的产业投资环境。中国是世界可持续能源设备制造大国,尤其在光伏发电设备方面,因具备规模庞大、价格低廉、产业较为集中等优势,中国已成为世界第一光伏组件制造大国。相关产业和支持性产业不完善的俄罗斯、阿根廷、印度尼西亚等国则缺乏产业投资吸引力(图5.10)。

4. 企业竞争力

在整个行业发展中,企业作为具体实施各项行为的微观主体,在可持续

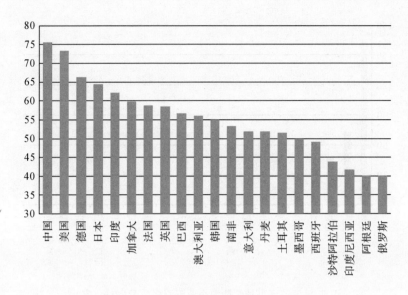

图 5.10　各国可持续能源产业吸引力指数

能源产业竞争力中发挥着难以替代的作用。首先,当前政策设计的目标是激励企业开发可持续能源项目,规范企业的行为,提高企业的国际竞争力。其次,企业是可持续能源产业的实施主体,良好的企业竞争力对于降低可持续能源发电成本、提高产品质量起着至关重要的作用。另外,企业也是技术创新与应用的主体,较强的企业竞争力意味着一国可持续能源产业更具技术优势,活跃的企业竞争行为也将带动产业技术水平的不断提高。

　　统计数据显示,在全球新能源企业 500 强中,中国企业数量最多,高达163 家,远超排名第二的美国。近些年,随着中国国内可持续能源设备与发电市场规模的扩大,企业的市场机遇也随之增多,涌现了众多可持续能源产业上中下游的企业。受政策引导以及自身不断追求利润的影响,企业通过战略调整、管理优化和技术提升,不断增强自身竞争力。目前,中国企业进入 500 强的数量、总营业收入与规模均呈上升趋势。美国、德国、日本也是具有较强企业竞争力的国家,特别是美国和德国,分别有 3 家和 2 家公司入围前十名。更为重要的是,就统计数据来看,美、德、日等国上榜企业的营业收入普遍要比中国的上榜企业高得多。而印度尼西亚、墨西哥、俄罗斯、沙特阿拉伯和土耳其可持续能源领域的企业竞争力薄弱,没有公司入围世界500 强(图 5.11)。

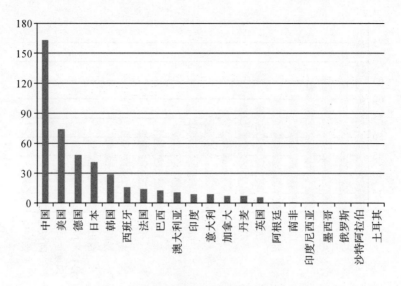

图 5.11　各国可持续能源企业五百强数量(单位:家)

(三)各国竞争力表现分析

不同国家的各个指标表现存在差异,而每个国家的各项指标的得分也各不相同。在 G20 国家中,排名前五的中国、美国、德国、英国和丹麦在可持续能源竞争力分析中极具代表性,它们在某一领域乃至某些领域所取得的成就以及能够取得这些成就的原因值得深入探究。本部分将结合之前的指标测算,对 G20 国家进行详尽分析,并探讨各国可持续能源发展的竞争优势。尽管这些国家或多或少存在一些共同特点,本节将重点分析各国更具差异性或者表现更为突出的优势特点。

1. 中国

中国在可持续能源产业竞争力中表现优异,居于首位。如图 5.12 所示,中国在资源、资本、劳动力、市场规模、政策激励、相关产业和企业战略中表现优异,上述各项指标都居于前列。相比之下,在技术和可持续能源替代成本上表现较差,特别是技术方面,是目前较为突出的短板。需要说明的是,若从人均碳赤字看,中国的环保压力相对比较小,但就排放总量看,中国温室气体排放量高居全球首位,另外,雾霾等环境问题也都促使中国大力开发和利用绿色清洁可再生的可持续能源,这在一定程度上促进了相关产业的发展。

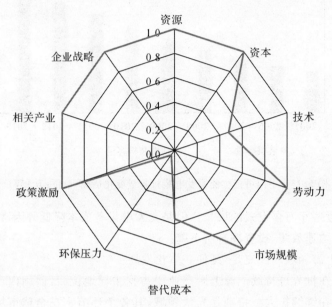

图 5.12　中国各指标表现

(1)可持续能源装机增长迅猛,投资额度不断增大

中国可持续能源发展历史较短,2005 年累计可持续能源发电装机容量仅为 120.68GW。但得益于产业与政策支持,中国已逐步占据世界领先地位。到 2013 年,中国可持续能源装机容量已增至 383.71GW,年均增速高达 19%。其中,中国风电装机容量位居世界第一,占世界总装机容量的 28.7%;太阳能光伏方面,2013 年中国累计光伏装机容量为 18.3GW,[①]仅次于德国,排名第二位,但 2013 年在增量上(新增装机容量)表现突出,高达 12.92GW,[②]排名世界第一,比排名第二的日本高出 5GW 以上(图 5.13)。

可持续能源发电装机容量增长的背后是较强的投资能力与资本实力。中国可持续能源投资额已从 2005 年的 58 亿美元跃升至 2013 年的 563 亿美元,是全球可持续能源投资额最高的国家,约占总额的 26.3%,特别是光

---

① IEA-PVPS. *Report Snapshot of Global PV 1992—2013*, 2014.

② 国家能源局.

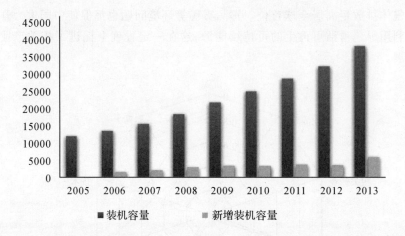

图 5.13　中国可持续能源发电装机容量变化情况(单位:万 kW)

伏行业,近些年有爆发式的增长。但是受发电设备成本降低等因素的影响,近来投资增速放缓,投资额有所下降。

(2)上游领域产能充足,延伸一体化发展

中国在世界可持续能源上游产业中占据主导地位,目前国内产能充足且规模仍在继续扩大。特别是光伏领域,其各个环节都在全球市场中扮演非常重要的角色。多晶硅领域,中国 2014 年多晶硅产量达 13.2 万吨,同比增长 57.1%,占全球产量的 43%;生产企业已超 18 家,行业集中度较高,前五家产量占比高达 77%。电池片环节,2014 年电池片生产规模同比增长 31.5%,在全球电池片生产规模中占比高达 59%。硅片环节,中国产量达近 88 亿片,位居全球首位,约占全球的 3/4 以上。同样的,中国的电池组件生产规模排名全球第一,市场份额约为 70%。2014 年,中国硅片、电池片、组件和逆变器的出口总额高达近 156 亿美元。中国的电池组件价格持续下降,2014 年三季度的组件成本仅为 2010 年四季度成本的 2/5 左右,目前组件成本在全球最具竞争力。[①]

中国光伏商业模式也出现了从"专业分工"到"垂直一体化"的转型,企业的业务范围延伸到全产业链中的其他环节,甚至垂直贯穿包括硅料、硅片、电池、组件、系统安装等各个环节在内的全产业链。综合成本在规模化生产后有较大幅度降低并逐渐趋于稳定。

① http://www.cbea.com/www/zy/20150210/3374530.html.

（3）政策目标明确，激励效果显著

一直以来，中国政府都坚定发展可持续能源，并不断提出或制定未来可持续能源的发展目标。2007年发布的《可再生能源中长期发展规划》提出，到2020年全国风电、太阳能发电、生物质发电装机容量分别达到3000万千瓦，180万千瓦和3000万千瓦。2012年《可再生能源发展"十二五"规划（2011—2015年）》指出，"十二五"时期，可再生能源新增发电装机将达到1.6亿千瓦，其中风电、太阳能发电、生物质发电分别为7000万千瓦、2000万千瓦和750万千瓦；到2015年，可再生能源发电量争取达到总发电量的20％以上。国家能源局局长努尔·白克力在两会期间接受专访时表示，到2020年，风电装机要达到2亿千瓦，光伏装机达到1亿千瓦左右，较之前提出的目标有较大幅度的提升。国家设定的发展目标表明了未来发展可持续能源的决心，是决定未来装机容量建设规模的重要依据，也是促进各地开发利用可持续能源的重要激励方式。

为实现以上目标，中国从各个层面出台了多项政策激励措施，具体如下：

①奠定法律基础

2005年颁布的《可再生能源法》是中国可再生能源发展历史上的重大举措，标志着中国的可再生能源发展走向了法律化和正规化。该法规定电网公司为可再生能源电力上网提供便利，并全额收购符合标准的可再生能源发电量。2009年，国家对《可再生能源法》进行修订，明确了对可再生能源发电实施保障性收购制度，规定"电网企业全额收购其电网覆盖范围内符合并网技术标准的可再生能源发电项目的上网电量"。这项规定也意味着中国可再生能源立法正朝着健康、有序的方向发展。

②分区标杆上网电价以保证预期收益

自2009年起，《国家发展改革委关于完善风力发电上网电价政策的通知》、《国家发展改革委关于完善农林生物质发电价格政策的通知》、《国家发展改革委关于完善太阳能光伏发电上网电价政策的通知》纷纷出台，分别完善了风电、农林生物质发电和太阳能光伏的上网电价机制，要求各地根据本地区可持续能源的实际情况制定相应的标杆电价，鼓励开发优质资源，明确投资收益（表5.1）。

③上游产业扶持政策

中国相继出台了若干项针对设备研制企业和发电技术企业的税收减免优惠政策，包括《财政部关于调整大功率风力发电机组及其关键零部件、原材料进口税收政策的通知》、《风力发电设备产业化专项资金管理暂行办法》等,从降低电站建设成本、促进设备技术研发等方面扶持可持续能源上游产业发展,提升可持续能源整体利用价值。针对上网电价、技术创新等方面的各项政策措施,使得行业投资吸引力增强,相关产业支持力度加大,企业竞争力得到提升,推动中国短期内在可持续能源领域取得了可喜成就。

表 5.1　各类型可持续能源发电上网电价政策

发电类型	发布时间	政策名称	电价标准
风电	2006-01	《可再生能源发电价格和费用分摊管理试行办法》	政府指导价(按招标形成的价格确定)
	2009-07	《国家发展改革委关于完善风力发电上网电价政策的通知》	分资源区标杆上网电价:0.51 元/kW·h、0.54 元/kW·h、0.58 元/kW·h、0.61 元/kW·h
	2015-01	《关于适当调整陆上风电标杆上网电价的通知》	分资源区标杆上网电价:0.49 元/kW·h、0.52 元/kW·h、0.56 元/kW·h、0.61 元/kW·h
光伏发电	2006-01	《可再生能源发电价格和费用分摊管理试行办法》	政府定价(按合理成本加合理利润原则制定)
	2011-07	《国家发展改革委关于完善太阳能光伏发电上网电价政策的通知》	标杆上网电价:1.15 元/kW·h、1 元/kW·h
	2013-08	《关于发挥价格杠杆作用促进光伏产业健康发展的通知》	地面电站分资源区标杆上网电价:0.9 元/kW·h、0.95 元/kW·h、1 元/kW·h 分布式光伏发电度电补贴:0.42 元/kW·h
生物质发电	2006-01	《可再生能源发电价格和费用分摊管理试行办法》	标杆电价(2005 年脱硫燃煤机组标杆上网电价+补贴电价) 补贴电价标准:0.25 元/kW·h;2010 年起,每年递减 2%
	2010-07	《国家发展改革委关于完善农林生物质发电价格政策的通知》	标杆上网电价:0.75 元/kW·h(含税)
	2012-03	《关于完善垃圾焚烧发电价格政策的通知》	以生活垃圾为原料的项目标杆上网电价:0.65 元/kW·h;余上网电量执行当地同类燃煤发电机组上网电价

2. 美国

根据本报告测算,美国的可持续能源产业竞争力在 G20 国家中仅次于中国,排名第二。美国地域辽阔,同样具有丰富的自然资源和较大的市场规模。近年来,美国可持续能源产业蓬勃发展,其中一个重要的推动力就是先进的能源技术。另外,相关产业的支持与环保压力也在一定程度上助推了可持续能源产业的发展。但是,美国同样具有丰富的天然气资源,"页岩气革命"在为可持续能源产业带来更多的调峰资源的同时,也降低了可持续能源的替代效应,从而在一定程度上拉低了可持续能源竞争力得分(图 5.14)。

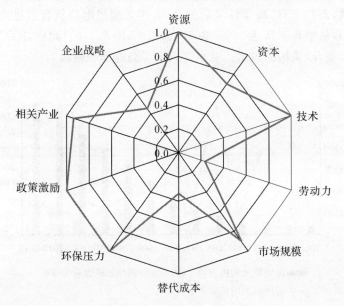

图 5.14　美国各指标表现

(1)税收减免政策激励效果显著

近年来,美国在可再生能源领域制定了一系列战略、规划与政策。为确保可再生能源的地位,奥巴马制定了到 2020 年可再生能源发电量翻倍的目标。作为表率,美国政府还规定,到 2020 年,政府机构可再生能源电力消耗占总电力消耗的占比要从 2013 年的 7% 增加到 20% 以上。为了促进可再生能源的技术研发、开拓可再生能源市场,美国联邦和州政府采取了一系列立法措施扶持可再生能源及相关设备制造产业发展。这些政策措施包括税收抵免、资金支持、可再生能源配额(RPS)、碳交易市场项目、净电量计量

(Net Metering)等。

在这一系列政策中,税收抵扣政策是美国可再生能源产业迅速发展的一个非常重要的因素。《能源政策法案 1992》提出了生产税抵扣(Production Tax Credit,PTC)政策,对满足条件的可再生能源发电项目提供度电补贴。后来美国又制定了投资税收抵扣(Investment Tax Credit,ITC)政策,投资商可获得投资额度 30% 的税收抵免优惠。PTC 和 ITC 都是联邦层面的税收抵扣政策,PTC 更偏重于生产输出上的补贴,而 ITC 则是针对项目投资上的补贴。两项政策对美国可持续能源产业的激励效果非常显著。2004 年以前,PTC 政策时有间断,部分年份甚至被取消,风电装机速度明显放缓,而在 PTC 政策恢复后的 2005 年美国风电装机容量迅速恢复增长,新增容量增长率高达 300% 和 500% 以上(图 5.15)。此后,PTC 政策延续性大大提升,美国的风电产业也进入到了高速增长阶段。

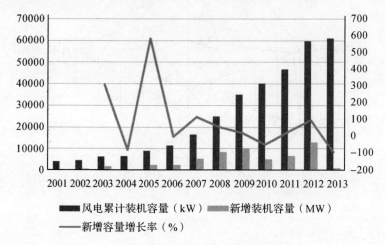

图 5.15　美国风电装机容量变化情况

数据来源:全球风能协会. *Global Wind Report Annual Market Update* 2013.

美国联邦政府也针对相关部门制定了一些战略目标,比如,可再生燃料配额制度(RFS)规定,到 2022 年,美国交通部门可再生能源燃料的年消费量需达到 360 亿加仑。

(2)采取更适合自身发展的可再生能源配额制度

美国是实施可再生能源配额制的典型国家,其可再生能源配额制的实施可追溯到 20 世纪 90 年代。自美国电力重组改革开始,许多州要求电力公司的供电量中要包含一定比例的可再生能源发电,并以法律形式强制安排。配额的完成可以通过自身生产可再生能源电力,也可以通过购买可再生能源"证书"来实现。政府还通过设定配额目标,强制规定可再生能源发电量在总体中的比例。与固定电价补贴机制相比,国家通过控制总量和市场流通来保证可再生能源发电的上网率和利用率,不需要太多的财政投入和烦琐的补贴发放流程,对可持续能源投资的增长产生了切实的推动作用。

（3）较高的灵活性电源比例

由于可持续能源发电具有波动性和不稳定性,电力系统中电源的灵活性越高,可持续能源的消纳程度将越好。得益于丰富的天然气资源,美国的气电比例较高,2014 年美国约有 27％的天然气发电,是第二大发电供应类型(图 5.16)。高比例的天然气发电装机和供应增加了系统的调峰资源量,使美国的电力系统更为灵活,适宜于可持续能源发展。

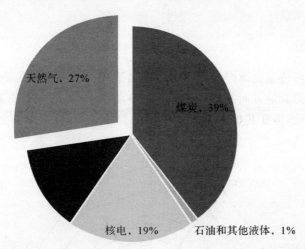

图 5.16　美国发电量构成

数据来源:EIA.

（4）高投入研发催生先进能源技术

美国的可持续能源技术一直处于领先水平,是推动可持续能源产业发展的重要动力,也是国家可持续能源竞争的优势要素之一。先进技术的研发和应用带动了并网、储能、成本等多方面的提升。事实上,美国陆续出台了多项政策措施以激励可持续能源的研发行为和成果商业化,每年投入到可再生能源研发上的资金数额很大并在持续增加。根据美国能源部公布的 2015 财年能源部研发预算信息,预计能效与可再生能源研发支出总额为

23.2 亿美元,同比增长 20％以上。

(5)可持续能源发电成本具备竞争优势

一国可持续能源的竞争力与该类型能源和其他能源成本的竞争能力有关。美国可持续能源技术发展迅速,产业已规模化。特别是风电,成本持续下降,目前已基本与火力发电成本持平,极具竞争力。

(6)商业模式不断创新

可持续能源的一些限制性问题制约了其发展,导致发展滞后。就光伏发电产业来说,屋顶式光伏电站面临的普遍挑战是屋顶资源和融资问题。美国在光伏发电的商业模式上出现了多种创新形式,比如 Solarcity 的光伏租赁和 PPA(Power Purchase Agreement)模式、资产证券化、Yieldco 等,通过资金流转有效连接投资者、使用者、所有者等相关方,解决产权和融资难题。

3. 德国

德国在可持续能源产业竞争力中排名第三。值得一提的是,德国在总量特别是资源总量方面并不具备竞争优势,难以同幅员辽阔、资源富足的中国和美国匹敌,但在其他方面有其独特的竞争优势,主要包括相关产业支

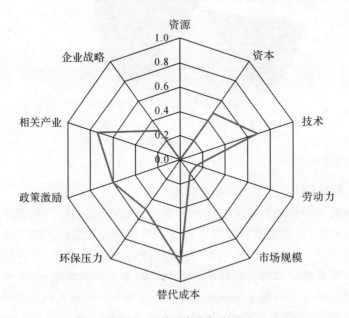

图 5.17　德国各指标表现

持、先进技术指引、政策激励机制完善等。特别是机制设计方面，良好的政策激励措施为相关产业及技术进步提供了动力（图5.17）。

（1）能源转型起步早

德国的油气资源相对缺乏，对外依赖程度很高，在国际油气市场中缺少话语权，导致其能源使用成本较高。为摆脱对俄罗斯等国油气资源的过度依赖，降低煤炭在本国一次能源结构中的比重，德国将清洁能源开发利用视为国家战略，很早就开始进行能源转型。

德国能源结构转型不单致力于通过提高能源使用效率降低能源消费总量，同时也重视可持续能源的开发利用，积极建立经济、环保、可靠的能源供应体系。德国联邦政府于2010年推出了"能源方案"长期战略，其中提出了未来可再生能源作为主要供应能源的愿景，计划到2020年，可再生能源占终端消费比重达到18％，可再生能源电力占电力总消费达到35％，此后每隔10年，这两个数字各自增加15％左右，并在2050年分别达到60％和80％。2011年6月，德国宣布要逐步淘汰核电，计划到2022年关闭所有的核电站。

发展太阳能和风能这样的可持续能源已成为德国能源战略转型的重点措施之一，并得到了社会各界的极大支持。目前，德国能源转型已见成效：在电力方面，可再生能源发电不断增长，从1990年的189亿kW·h增长到2013年的1560亿kW·h，约占全国发电量的25.8％（图5.18）。

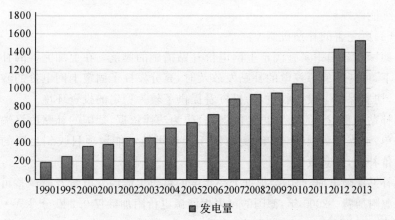

图5.18 历年德国可再生能源发电情况（单位：亿kW·h）

数据来源：Federal Ministry of Economic Affairs and Energy. *Development of Renewable Energy Sources in Germany* 2013.

(2)强有力的法律支持

推动德国可持续能源发展的重要因素之一就是《可再生能源法》(EEG)的支持。该法为德国的可持续能源发展奠定了法律基础,不仅使各项活动有法可依而且具有更加显著的强制性和激励性。

《可再生能源法》于 2000 年正式颁布,其核心是建立可再生能源发电的固定上网电价制度(FITs)。随着可持续能源的不断发展,《可再生能源法》也已经历了多次调整,形成了多个《可再生能源法》修订版。《可再生能源法》要求电网优先并入可再生能源发电,为可持续能源发电项目创造了稳定的投资环境。2014 年,德国又对《可再生能源法》进行修订,把市场机制引入可再生能源项目,将固定上网电价转变为固定补贴机制,减少行政干预,将电价决定权还给市场,回归可再生能源发电的商品属性。在德国可持续能源发展相对成熟时期将权利返回给市场,将有利于促进市场竞争,进一步降低可持续能源发电成本。另外,EEG-2014 扩大了可再生能源附加费用的成本分摊范围,缩小了原来享受电价附加优惠政策的能源密集型工业企业和轨道交通部门的范围,提高了电价附加征收标准并向多消费多承担的方向转变,既体现了公平原则,又提高了电价附加总额。

除了《可再生能源法》,德国还颁布了其他一系列推动可持续能源发展的法规,例如《生物质发电条例》、《能源供应电网接入法》、《能源行业法》、《促进可再生能源生产令》等,从发电、电网、技术等各个环节推动德国各类可持续能源发展。

(3)更完善的补贴机制

德国是各国中实施固定上网电价补贴措施的典范。在更加完善的补贴机制下,可持续能源发电的补贴发放及时,充分发挥了固定上网电价的激励作用,切实保证了投资收益,为投资者提供了较为稳定的投资环境。

补贴流程方面,以《可再生能源法》作为法律依据,德国的补贴由终端用户买单,流程更为顺畅、简单,更有利于保证可持续能源项目收到足额的上网电价补贴,更具效率。

补贴保障方面,德国会根据上一年度的可再生能源发电量及时调整可再生能源附加费。2000 年,德国的可再生能源电价附加额仅 0.2 欧分/kW·h,2014 年已上涨到 6.3 欧分/kW·h,是 2000 年的 31.5 倍(图 5.19)。德国可再生能源电价附加标准每年都会进行调整,输电网运营商委托第三方机构对市场发展情况进行分析,对下一年度的用电情况和资金需求量进行估算,确定下一年度的电价附加标准,既能保证补贴资金足额到位,又能对下

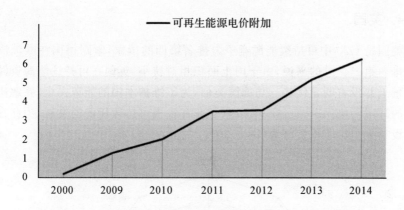

图 5.19　德国历年可再生能源电价附加标准(单位:欧分/kW·h)

一年度的建设规模起到一定的指导作用。

(4)灵活的电力系统

灵活的电力系统大大提高了可持续能源的消纳能力,弃风、弃光现象大幅度减少。这在提高可持续能源整体利用效率的同时,进一步激发了投资者开发可持续能源的热情。

风电、光伏等可持续能源具有间歇性特征,德国的电力系统具有较高的灵活性,可以消纳更多的可持续能源。这种灵活性在发电、电网、终端用电的各个环节都得到体现。发电方面,通过技术改造,火电机组的出力调节能力得到提升。有研究指出,燃煤机组的最小出力可从 40% 下降至 20%,爬坡率可达原来的 4 倍。这使得德国电力系统的灵活性得到大幅度提高,作为备用容量的燃煤机组将发挥更大的效应。德国还将电力与热力结合,采用扩大热电联产等方式增加储热设备容量,通过将电能转化为热能提升系统调峰和消纳能力。电网方面,德国不断加快电网建设速度,通过远距离输送,消除负荷中心与资源区不一致的矛盾。另外,德国依托欧洲大电网,与欧洲其他调峰能力较强的国家相互输送电力,进一步提高了系统的灵活性。终端用电方面,通过增加储能设备、需求侧管理和电价差异调节用电负荷需求,从终端上实现削峰填谷。

因此,可以看出德国从各个环节都在创造一个更为灵活的电力系统,为可持续能源电力消纳创造更多空间。

4. 英国

英国是 G20 中可持续能源竞争力排名第四的国家,紧跟德国在欧洲国家中排名第二。总的来说,由于国土面积相对狭小,英国在可持续能源资源绝对量上并没有明显优势。与德国类似,为了维护本国的能源安全,并解决自身的环境污染问题,英国一直以来都非常重视可持续能源的发展,为此在政策设计上付出了很多努力(图 5.20)。

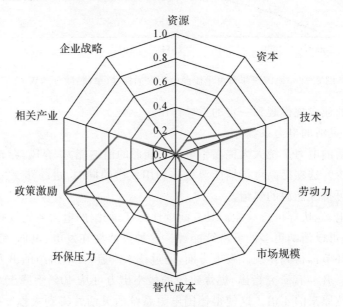

图 5.20　英国各指标表现

(1)气候变化税收与激励政策

英国是较早将应对气候变化作为国家发展战略的国家,制定了非常严格的减缓气候变化目标。英国将气候变化问题与可持续能源发展紧密相连,因此也是可持续能源发展较早的国家。税收是各国政府在环境管理中常用的一种调控手段,英国议会于 1999 年 3 月通过了气候变化税的预算案,2001 年 4 月 1 日起正式生效。气候变化税针对非家庭用户,但对可再生能源发电项目实行税收豁免,以此鼓励非民用用户使用可再生能源电力,在一定程度上保证了可再生能源电力需求,利于其可持续发展。

(2)激励机制的适时更新

英国是除美国以外,又一实施"可再生能源义务"(RO)的典型国家。英国于 2002 年开始实施"可再生能源义务",规定电力公司在供应的电力中必须有一定比例的可再生能源,发电企业生产的可再生能源电力可以获得相应数量的可再生能源义务证书(ROC),并以一定的价格出售给电力公司。可再生能源目标的不断提高带来了对可再生能源义务证书需求的上升,也就导致 ROC 价格的上涨。根据英国能源监管机构发布的数据,2013 年 4 月至 2014 年 3 月的 ROC 买断价格为 42.02 英镑/ROC,较两年前上涨了 8.6%。

英国的 RO 可强行控制可持续能源的利用总量,同时使得可持续能源发电商以售出证书的形式获得额外补贴,对可持续能源发展具有相当大的激励作用。

但是随着英国可持续能源的不断发展,RO 也产生了包括证书购买成本较高、购买价格不确定等一系列问题。为推动可持续能源发展,英国进行了新一轮的电力市场改革,其中的一项重要改革即是引入容量市场和差价合同。容量市场是为确保电力供应紧张时有充足的容量保证电力供应安全;差价合同是为可持续能源发电项目提供长期的固定收益,保证可持续能源发电价格的确定性,为其创造一个更为稳定的投资环境。

(3)雄厚的技术实力

英国在可再生能源技术方面具备较为雄厚的实力,也是其拥有的相对竞争优势之一。以海洋能源资源丰富的苏格兰为例,苏格兰本地云集了多所掌握能源领先技术的大学和研究所,这些机构在海洋资源油气开发中积累了丰富的经验与技术。随着北海油气资源的枯竭,其将研究重点转向可持续能源领域,海上油气资源开发的技术经验为可持续能源开发技术研究奠定了基础。技术优势使得英国在世界海上资源开发中处于世界领先地位,位于苏格兰的 Beatrice 海上示范风电场就是以采用油气领域封套技术作为涡轮机基础、水深约为 45 米、单机装机规模达 5MW(2 台)的大型海上风电站。

5. 丹麦

丹麦与德国和英国同属于欧洲国家,其能源资源较为匮乏。丹麦在 20 世纪 70 年代以前的能源对外依存度高达 99%。石油危机爆发后,丹麦政府积极调整能源结构,大力发展可再生能源。目前,可再生能源可满足丹麦约 24%的能源需求。因此,替代成本较高在丹麦的可持续能源发展中起到了非常重要的推动作用。除此之外,良好的政策激励制度和位于世界前列的技术水平(图 5.21),也使得丹麦的可持续能源竞争力在 G20 中排名

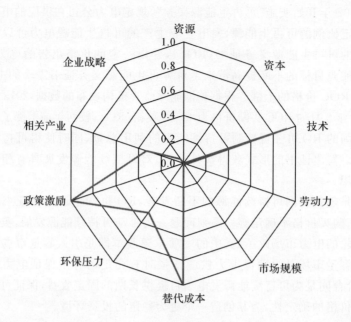

图 5.21　丹麦各指标表现

靠前。

（1）风电技术水平领先且产业链完整

丹麦是最早开发风能的国家,从 20 世纪 80 年代起就开始发展陆上风电,2009 年以后开始发展海上风电。2013 年风电在总体发电中的比重高达 33%（图 5.22）,目前已是继英国以后的第二大海上风电市场。丹麦是全球风电设备技术与应用的领跑者,世界著名的、最大的风电设备供应商——维斯塔斯就来自丹麦。维斯塔斯的风机已遍布全球 70 多个国家,总装机容量达 64GW。2014 年,维斯塔斯成功生产出世界最大的风电机组 V164-8.0MW,并正式投入测试使用,该机组的风轮直径为 164 米,扫风面积超过 21000 平方米,使用寿命长达 25 年,大大摊薄了建设与运营维护成本。另外,丹麦拥有完整的风电产业链体系,该国制造企业在风机设备的各个环节均有覆盖,为风电发展提供了强有力的设备制造支撑。

（2）电网互联扩大交易范围

丹麦所处地理位置特殊,在电网互联方面具有得天独厚的优势,这也是其可持续能源开发利用率较高的重要原因之一。丹麦东部电网与北欧电网同步运行,西部电网与欧洲大陆电网相连,形成了与这两个电网互通互联的

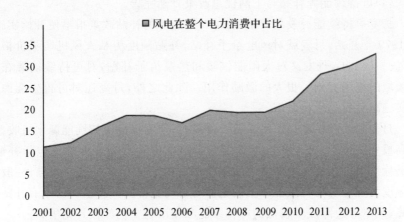

图 5.22　丹麦风电在总体发电量中的比例(单位:%)
数据来源:DEA.

"大电网"框架。具体来说,借助输电线路建设,丹麦的电力系统与德国等周边邻国的电力系统紧密相连。由于各区域间的电源结构、负荷需求存在差异,几个国家电网互联可使得各国间实现错峰、调峰并互为备用,这为丹麦的可持续能源消纳创造了更广阔的市场空间。例如,挪威、瑞典拥有的丰富水电资源为丹麦的风电提供了充足的调峰资源,当丹麦风电机组出力大于负荷时可将电力输送到挪威和瑞典,当丹麦电力供应不足时可调动挪威和瑞典的电力满足负荷需求。得益于挪威和瑞典灵活的水电机组弥补了丹麦风电机组的不足,区域内整体出力曲线更为平滑。

(3)重视电力与热力相融合

受石油危机影响,丹麦的供热采暖成本较高,因此,丹麦政府积极优化供暖方式以降低成本。与单独供热和单独供电相比,热电联产可以大幅度解决燃料成本问题并提高能效。目前,丹麦的生物质热电联产技术在本国应用最为广泛,生物质能源也是丹麦利用规模最大的可持续能源类型,生物质能源的消费总量是风能的 3 倍以上。

热电联产从两个方面对丹麦的能源利用提供助益:其一,如前所述,热电联产可以提高丹麦整体的供热效率,利于实现节能减排;其二,热电联产通常带有储热设备,在可持续能源发电量富余时,通过转化为热能为可持续能源提供更多消纳空间,是很好的调峰电源。因此,丹麦对电力与热力相融合的重视使可持续能源有了更大的发展空间。

（4）可持续能源补贴与上网优惠政策日渐完善

丹麦可持续能源发展较早,对可持续能源的补贴政策很早便开始实施。自1979年开始,丹麦就对风电给予补贴,补贴额度为私人风机购买价格的30％。1981年,丹麦又对太阳能供暖和热泵给予补贴,对可持续能源在建筑领域的应用起到了很大的激励作用。除此之外,丹麦还对可再生能源系统实施减免税的优待政策。

丹麦和北欧的电力市场采取竞价模式,但为保证可持续能源项目收益、提高投资积极性,丹麦的可持续能源上网电价除市场竞价外还包括补贴。补贴标准根据风机并网年份与发电小时数的不同存在一定的差异,一般补贴额度为规定的可持续能源上网电价与市场竞价间的差值。由于有补贴的保障,风电等边际成本较低的可持续能源在市场中仍然极具竞争力。

另外,丹麦出台了《电力供应法》,规定可持续能源发电必须优先上网。同时,还规定了对可持续能源无法及时入网的惩罚措施,电网公司要对建设完成的风电场进行经济赔偿,这大大提升了可持续能源发电优先上网的约束力。

6. 加拿大

加拿大的可持续能源竞争力综合排名位居第六位。得益于国内极为丰富的能源资源储备,加拿大是国际能源署（IEA）成员国中四个能源生产高于需求的国家之一（另外三个国家是澳大利亚、挪威和英国）。另外,加拿大也具备较强的能源技术研发实力以及较为完备的配套产业（图5.23）,而人均碳排放量居高不下也是加拿大发展可持续能源的潜在动力。

2012年加拿大总的电力装机容量为135GW,这其中超过一半的电力装机容量来自于水力发电（图5.24）,这也使得加拿大成为仅次于中国、巴西和美国的全球第四大水力发电大国。此外,加拿大的风力发电也取得了长足的进步:据加拿大风能协会统计,截至2014年,加拿大风能装机容量已经达到9.69GW,仅2014年就新增装机容量1.87GW,其累计装机容量在全球排名第七。伴随着国内丰富的可再生能源的大规模商业化开发,加拿大已成为仅次于中国、美国和巴西的全球第四大可再生能源电力装机国家。

相对于G20中的其他国家而言,加拿大在可持续能源竞争中具有以下几方面明显的特征。

（1）高能耗带来更大的温室气体减排压力

与其南方邻国一样,加拿大也是极少数推行低税率、低油价政策的发达

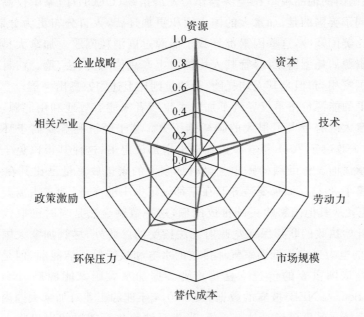

图 5.23 加拿大各指标表现

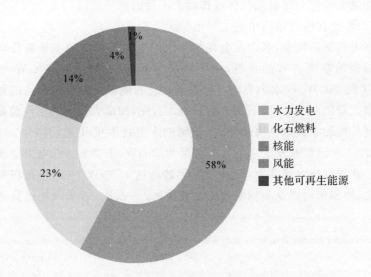

图 5.24 2012 年加拿大电力装机容量各类能源占比

国家,其国内的油品税率在经济合作与发展组织(OECD)国家中仅高于美国。不同于美国的是,加拿大的国土面积更加辽阔,人口分布更为分散,而且还远比美国寒冷,这些因素都导致了能源过度消耗问题。加拿大是较为典型的资源消耗型国家,尽管其人均国内生产总值与英、法、德、意、日等主要发达国家相当,但是其人均耗能、耗油量则比上述国家高出一倍。

较低的能源价格不仅导致了加拿大生产者未能有效地利用能源,而且也给加拿大政府带来了很大的碳减排压力。鉴于经济利益要高于环保诉求,加拿大政府于 2011 年宣布正式退出京都议定书,这使其得以免于因未兑现其承诺而支付巨额的账单。当时加拿大的碳排放总量已比其在 1990 年时高出了 30%。如果要遵守其在京都议定书中的义务,加拿大需要支付 140 亿美元从其他国家购买碳排放配额,这一数额显然是当时已取代联邦自由党开始执政的联邦保守党政府无法接受的。此外,尽管加拿大国内超过 70% 的电力来自于低温室气体排放的水电和核能等清洁能源,但是化石能源仍是该国重要的传统支柱型产业。据加拿大国家能源局(National Energy Board, NEB)披露的数据显示,2014 年能源工业对加拿大国内生产总值的直接贡献率已经高达 9.8%,当年石油等化石能源的出口收入已经达到了 1287 亿加元(接近 1000 亿美元),占加拿大出口总额的近 1/4。[1] 这也是加拿大参与全球温室气体减排动力不足的重要原因。

(2)水电在电力结构中的主导地位无可取代

在可预见的将来,水力发电在加拿大的电力结构中的主导地位难以动摇。根据加拿大各省的规划,水电装机容量将从 2012 年 77GW 增长到 2035 年的 85GW。[2] 水力发电之所以能在化石能源资源极为丰富的加拿大占据很大份额,主要有以下几方面原因。首先,加拿大国内的水电蕴藏量极为可观。据加拿大水电协会估计,该国的水电技术可开发量约为 262GW。截至 2011 年已经开发的水电装机容量为 75GW,主要集中在电力负荷中心附近。在现有技术条件下,待开发量仍然高达 163GW,主要分布在东部的魁北克、阿尔伯塔以及不列颠哥伦比亚地区。[3] 其次,加拿大早已具备强大

---

① National Energy Board. *Canadian Energy Overview* 2014—*Energy Briefing Note*. July 2015 [2015-8-1]. http://www.neb-one.gc.ca/nrg/ntgrtd/mrkt/vrvw/2014/index-eng.html.

② National Energy Board. *Canada's Energy Future* 2013: *Energy Supply and Demand Projections to* 2035,2013:67.

③ World Energy Council. *World Energy Resources* 2013 *Survey*. London: World Energy Council,2013:5,17.

的经济和科技实力,在水电开发领域有着极为丰富的经验,该国的企业在发电设备制造、水电站施工以及操作方面都处于全球领先地位,在业内享有良好的声誉,这为加拿大大力开发水电奠定了产业基础。最后,由于具有技术成熟、成本相对低廉以及运行灵活等优势,水电可在解决全球变暖、保持能源选择的灵活性等方面发挥重要作用。有鉴于此,继续关注和开发水电资源,保持或增加水电在本国能源结构中的份额便成了加拿大在中短期内实现环境保护目标的最好方法。

(3)风电产业发展风头正劲

加拿大风力资源丰富,由于推行了上网电价等政策,风力发电正成为加拿大最重要的替代能源之一。从投资额上看,加拿大在 2013 年度的风能投资额高达 36 亿美元,占其全部可持续能源投资总额的 55%,在 G20 国家中仅次于中国、美国、英国和德国等国。[①] 另据加拿大风能协会统计,在2009—2014 年间,风力发电在各类新增电力装机容量中的增长速度最为迅速,平均每年新增装机容量 1.3GW,年均增速为 24%,并且 2015 年的增长速度还有望超过前五年的平均增速。目前加拿大的各个省份都有风力发电机在运行,每年风力发电提供的清洁电力足以满足 300 万户加拿大居民家庭的用电需求。除了提供清洁的能源外,风力发电还为加拿大创造了就业岗位。据统计,每新增 100MW 风电装机容量将会在风力发电站的建设方面创造 1000 人次/年的就业机会,同时还会在电站的长期运行和维护方面创造 350 人次/年的就业机会。此外,项目的投产还会给当地带来税收以及土地租赁合约,每兆瓦(MW)风能的投产相当于给当地带来大约 200 万美元的投资。[②]

总之,风能行业的迅速增长已经改变了加拿大的电力结构,它不仅产生了可观的经济和社会效益,而且带来了显著的环境效益。鉴于风力发电在整个生命周期中二氧化碳的排放量仅为煤炭和天然气发电的数十分之一,积极开发本国的风能资源无疑有助于降低加拿大面临的国际碳减排压力。

7. 日本

日本的可持续能源竞争力在 G20 国家中排第七。其情况与英国、丹麦

① The Pew Charitable Trusts. *Who's Winning the Clean Energy Race*? 2013 ed, April 2014:p. 5.

② Canwea. Canada's Wind Energy Industry Reaches Another Significant Milestone. June 15, 2015. http://canwea.ca/canadas-wind-energy-industry-reaches-another-significant-milestone/.

类似,都是国土面积相对狭小、能源资源相对匮乏的岛屿国家,其能源进口依存度在80%左右。虽然在福岛事件之前,日本的核电在能源供给总量中占15%~16%,但核燃料全部依赖进口。为保证能源安全,日本政府制定了到2030年时石油对外依存度减至80%的目标;为应对气候变暖,日本提出到2020年的温室气体排放比1990年消减25%的碳减排目标。为了保障能源安全,承担应对气候变化的国际责任,日本始终坚持经济增长、环境保护与能源安全兼顾的能源策略。在这一策略下,日本十分提倡节能降耗,加强可持续能源开发利用(图5.25)。

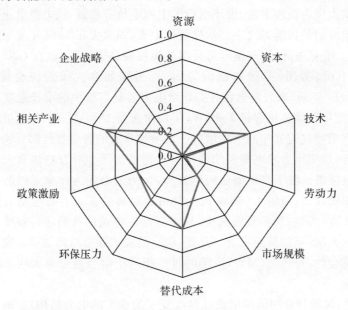

图 5.25　日本各指标表现

(1)历来重视可持续能源发展

由于传统能源资源匮乏,日本历来十分重视开发利用可持续能源。以太阳能开发利用为例,太阳能在日本已得到广泛应用,逐步形成了设备生产、销售和使用的完整体系。1994—2004年期间,日本政府投入了大量资金以及提供了诸多政策支持。近年来,日本经济产业省也出台了针对安装太阳能发电设备的用户补贴制度。2013年,日本可再生能源电力和燃料投资全球排名第三。截至2014年2月,日本可再生能源累计装机累计装机容量达到28.75GW,光伏累计装机达到13546MW,风电2678MW,水电

9606MW,生物质发电2420MW,地热发电500MW。[①] 截至2013年12月，日本累计太阳能发电装机容量排名全球第四，预计到2020年，日本太阳能发电量将达到2008年的10倍，2030年将达到2008年的40倍。[②] 日本风电也起步较早，1980年日本开始建设风力发电设备，截至2007年共建设风力发电站1409座，发电能力达到1680MW，其风力发电在世界排第十八位。

（2）能源战略的"可持续"转向

自石油危机以来，日本对能源政策进行了重大调整，其国家能源战略的指导思想从"单一的能源安全"逐步转向"能源安全、经济效益、环境保护（3E）"政策的可持续能源发展战略。从20世纪80年代开始，日本对小规模风电进行补贴，从1994年开始每年多拨款570亿日元，其中63.5%的资金用于新能源技术的研发，预计这项政策将持续至2020年。1990年，日本修改电力公司法的相关技术规范及要求，促进光伏并网发电的推广应用，并且对最终用户进行补贴。根据日本经济产业省的预算，2008年计划资金就达1113亿日元，是1998年的两倍以上。在可持续能源的推广方面，政府补贴也起着举足轻重的作用，日本对光伏系统住宅光伏发电的补贴额累计达到1322亿日元（截至2012年，2007—2008年曾暂停补贴），极大地促进了光伏产业的发展。

（3）成立专门的新能源技术研发机构

1980年，日本政府经济产业省设置独立行政法人机构——新能源·产业技术综合开发机构（NEDO），旨在开发能够替代石油的可持续能源技术。1988年，其业务范围扩大到产业技术的研究开发。2001年，日本通产省工业技术院所属的15个国立研究所并入新组建的独立行政法人机构——日本产业技术综合研究所（AIST），将"环境"、"能源"及"尖端领域（光电技术是其中重要一项）"作为其重要的研究领域。该研究所联合日本夏普、三洋等企业积极研发新型的太阳能电池，于2008年成功开发有机色素增感型太阳能电池，光电转化率高达7.6%，引领世界先进水平。

（4）强制和鼓励可持续能源发电入网

日本于1997年制定《促进新能源利用特别措施法》，于2002年制定《电力设施利用新能源特别法案》，支持可持续能源发电入网，2010年新能源上

---

① 国家可再生能源中心.国际可再生能源发展报告2014.北京:中国环境出版社,2014:6.
② 邵琳.中日韩新能源产业发展政策探析[J].现代日本经济,2014(3):88-94.

网电量超过 122 亿 kW·h。2009 年开始,建筑太阳能发电超额电量双倍电价上网,费用则在全国居民电量中分摊,并且强制要求电力企业回收超额的电量,电力企业可以选择独立采用新能源发电或向其他新能源企业购买新能源电力的方法来获得相关优惠。2013 年 11 月,日本通过了《电气事业法修正案》,鼓励新投资者进入电力批发市场,扩大分布式能源和可持续能源发电比例,实现发电多元化。

(5)大力发展新能源汽车产业

日本运输部门碳排放量占全国碳排放总量的 20% 左右,其中汽车尾气排放又占了运输部门碳排放总量的 90% 左右。因此,日本政府要求汽车行业从技术上降低二氧化碳排放,并通过减少对汽油等燃料的使用来实现整个行业的二氧化碳排放量的削减目标。实现这些目标的重要途径就是发展新能源汽车产业。日本政府制定的新能源汽车产业发展战略全面而具体,由经济产业省牵头制定产业政策,汽车制造企业和电池制造企业以及大学和其他科研机构等联合参与。在产业发展战略的指导下,在政府实施的对零售购车环节的补助政策和减税措施的支撑下,日本新能源汽车的产业化进展迅速。2012 年,日本新能源汽车保有量已经突破 305 万台(其中混合动力及插电式混合动力汽车为 290 万台,电动汽车 3.9 万台,天然气汽车 4 万台,清洁柴油汽车 6.7 万台),是世界上新能源汽车普及程度最广的国家。[①]

(6)福岛核危机倒逼可持续能源发展

2011 年日本核能使用量为 36.9 百万吨标准油。自当年日本东海域 9.0 级地震引发福岛核危机以来,核能使用量急剧减少了 89%,2012 年日本核能使用量仅为 4.1 百万吨标准油。2012 年 9 月,日本民主党政府在《革新性能源环境战略》中提出了"到 2030 年代核电归零"方针。2015 年初,日本关西、中国、九州和日本核电四大电力公司正式决定终结五个核电站的发电炉运营。东京电力福岛核电站事故和东日本大地震中受灾地区的很多地方政府将可再生能源定位为灾后重建的核心事业,与地方政府合作的可再生能源企业安装发电设备、加强输电网时的费用可获得补助。2011 年 9 月,日本政府决定在福岛县近海建设浮体式海上风力发电站,希望以此解决能源问题。该计划投资 100 亿~200 亿日元,建设 6 座输出功率为 5000kW 的海上风车,并用 5 年的时间建成配套设施,还计划于 2020 年扩大至 400MW,相当于 1/3 座核反应堆的发电量。

---

① 田鑫.中日新能源汽车产业发展战略比较研究[J].中国物价,2014(11):81-83.

(7)《能源基本计划》(2014)的政策倒退

2014 年 4 月 11 日,日本通过了新的《能源基本计划》。新计划颠覆了《革新性能源环境战略》(2012 年)中提出的"到 2030 年代核电归零"方针,明确表示核电是"重要的基础电源",但也明确了"压缩核电"的发展方向,表示"将通过推行节能和可再生能源、提高火电站的效率等,尽可能降低对核电的依赖"。对于可持续能源,还是表示"要超过以往的能源基本计划",并且给出了"2020 年达到 1414 亿 kW·h,2030 年达到 2140 亿 kW·h"(含水力)的参考值。相比《革新性能源环境战略》(2012)提出的"到 2030 年达到 3000 亿 kW·h(不含水力为 1900 亿 kW·h)"的可持续能源建设目标,政策出现了一定的倒退。[1]

8. 法国

法国的可持续能源竞争力排名第八。与大多数西欧国家一样,法国的煤炭和油气资源也较为匮乏。但是作为经济总量世界第五的发达国家,法国对于能源的需求十分旺盛,这为法国新能源的发展提供了巨大空间。目前,法国的核能发电在全国电力供应的占比达到约 75%,[2]而其他的新能源如风能、太阳能、地热、生物质能等也得到了不同程度的开发。总体而言,法国在可持续能源领域具有较好的基础和潜力,竞争力居于世界前列。但是相比于德国、英国等欧洲国家,法国在劳动力、资金投入等方面的条件还有待提高(图 5.26)。

(1)良好的发展基础

法国发展新能源拥有极佳的基础,这体现在三个方面。首先,尽管法国缺少油气资源,但是法国的水能、风能、太阳能、地热能、潮汐能等资源都很丰富,其中风能储量居欧洲第二。[3] 其次,目前法国已广泛涉足这些新能源的开发,并且形成了较大的产业规模。根据 IEA 的数据,2012 年法国发电总量达到 564275GWh,其中水电、风电、太阳能发电、潮汐能发电也都各有

---

① 全球新能源网.日本新〈能源基本计划〉推行节能和可再生能源.2014-04-17. http://www.xny365.com/news/201404/17/7630.html.

② World Nuclear Association. http://www.world-nuclear.org/info/Country-Profiles/Countries-A-F/France/.

③ 法国能源政策对我国的启示,国际新能源网讯,2014(7).

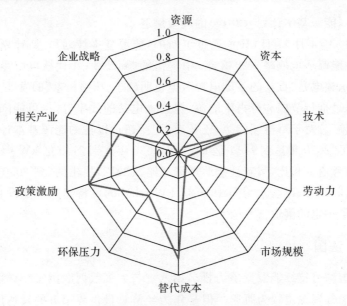

图 5.26　法国各指标表现

63595、14913、4015、458GWh 的发电量,均居欧洲前列。[1] 最后,法国的新能源开发拥有较好的法律基础。2005 年法国颁布《确定能源政策定位的能源政策法》,指出要坚持发展核能,同时加大对生物质能源、燃料电池、清洁汽车、节能建筑、太阳能等新能源的开发力度。此外,法国的《电力公共服务的现代化与发展法》、《格纳勒格法案》及《金融法》等法案也涉及了对新能源的电价、发展目标、财政补贴方面的内容,[2]为新能源的发展创造了良好的国内环境。

(2)政府支持力度大

在上述基础上,法国政府对新能源的发展也十分支持。这一方面是源于客观的能源需求,在化石燃料严重依赖进口的状况下,新能源的发展将填补能源供应的缺口,并在一定程度上保证国家的能源安全。另一方面;发展新能源符合欧盟可持续发展的整体需求。作为欧盟的中流砥柱,法国在此方面的努力有助于在欧盟内树立榜样。

21 世纪以来,法国政府对于发展新能源一直高度重视。比如法国先后

---

① France：Electricity and Heat for 2012. http://www.iea.org/statistics/statisticssearch/report/? country＝FRANCE＝&product＝electricityandheat&year＝Select.

② 罗国强,叶泉,郑宇.法国新能源法律与政策及其对中国的启示.天府新论,2011(2).

在 2000 年、2006 年和 2008 年制定并完善了关于对可再生能源实行固定电价的政策。2010 年,法国提出了《国家可再生能源行动计划》,[1]这是在 2003 年颁布《可再生能源发电计划》、2008 年颁布《发展可再生能源的计划》之后又一直接针对可再生能源的政策计划。该计划表示到 2020 年,可再生能源在能源消费总量中的比重要由 2005 年的 9.6%提高到 23%,可再生能源占电力供应总量、供热制冷以及交通领域的份额分别达到 27%、33%和 10.5%。2015 年 5 月,法国国家议会通过了关于以绿色增长为目的的能源转型法案,指出要在现有核电不再上升的基础上,加强核安全性,同时推动清洁交通,补助可再生能源,简化审批手续,从而实现到 2030 年可再生能源消费在最终能源消费中比重达到 32%的目标。[2] 此后,在 7 月 22 日,法国国民议会再次表决通过了《绿色发展能源过渡法》草案,法案规定要减少核能比例,进一步发展可再生能源。[3] 据法国电力联合会预计,到 2030 年,为了减少核电、过渡到其他新能源,法国政府累计投入将超过 5900 亿欧元。

除了上述宏观的政策规定,法国在具体的新能源发展领域也有许多政策支持。比如法国政府在 2013 年推出了风力发电增加一倍的计划,要求在全国范围内建立风电开发区。同时,法国政府对地热能发电等也实行了补贴和减税政策。总之,法国在新能源开发领域获得了大量的投资。2012 年,法国可再生能源领域的投资高达 46 亿美元,位居世界第十位。2013 年,法国政府还投资 48 亿美元启动了 100 万千瓦的海上风电项目招标。除了政府,许多公司也大力投资新能源。比如 2011 年,巴黎的 Neoen 公司开始在塞斯塔(Cestas)建设耗资 4.5 亿美元、发电能力为 300MW 的光伏并网发电工程,这是欧洲地区最大的光伏发电站。[4] 而法国 Fonroche 公司则投资 8000 万欧元建设了一座热电联产的发电站。[5]

(3)新能源投资面临困境

法国新能源的发展在最近两年还是遭遇了一些挫折。比如法国的太阳

①　法国国家可再生能源行动计划,2010-6. http://ec. europa. eu/energy/renewables/action_plan_en. htm.

②　法国的能源转型法案介绍(5 月 26 日). http://www. ambafrance-cn. org/%E6%B3%95%E5%9B%BD%E7%9A%84%E8%83%BD%E6%BA%90%E8%BD%AC%E5%9E%8B%E6%B3%95%E6%A1%88%E4%BB%8B%E7%BB%8D-5%E6%9C%8826%E6%97%A5.

③　王远.法国谋划能源战略转型[N].人民日报,2015-07-25.

④　法国开建欧洲最大的太阳能发电站. http://www. solarzoom. com/article-59281-1. html.

⑤　李宏策.地热能何时高调登场[N].科技日报,2013-03-30.

能产业在最近三年遭遇萧条,新项目的规模纷纷缩水,这与光伏市场规模有限、技术发展迟滞、投资不足等诸多因素有关。正如法国工业部长阿尔诺·蒙特布尔(Arnaud Montebourg)所表示的那样,核电在法国具有无可比拟的优势。[①] 这在一定程度上也影响到了其他新能源的发展。因此,要想减少对核能的依赖,不管是法国政府还是法国民间的企业,都需要加大投入。

9. 巴西

巴西是世界上可持续能源组合利用最好的国家之一,其可持续能源竞争力排名第九。巴西政府鼓励可再生能源在电力、交通等经济部门的使用,特别是对具有相对优势的水电、生物能等可持续能源进行强有力的引导与扶持,取得了良好的成效,为其实现低碳、环保、可持续的发展奠定了良好的基础。未来可持续能源在巴西能源部门中的比例与地位还将进一步提升。

从图 5.27 可见,巴西的资源禀赋处于优势地位,而积极的政策激励与较高的替代成本成为巴西可持续能源成熟稳定发展的重要基础。

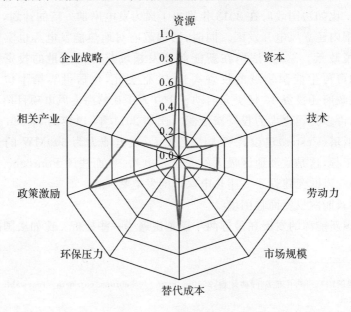

图 5.27 巴西各指标表现

① 魏北驹.可再生能源不给力.法国难舍核电优势[J].中国战略新兴产业,2014(1).

2014 年巴西可持续能源发电量居世界第三位,仅次于中国和美国。而巴西持续能源的开发利用比例处于世界最高水平。由于巴西在整个拉丁美洲经济中的重要地位,这也大大拉升了整个拉丁美洲的水平。图 5.28 显示新政策情景下巴西可再生能源发电所占比例与拉丁美洲地区和世界平均水平的比较。

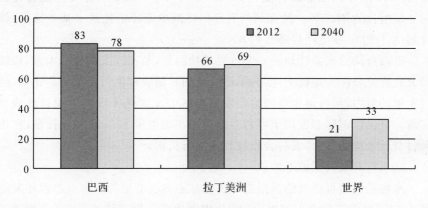

图 5.28　新政策情景下可持续能源发电占例 2012 年和 2040 年(单位:%)

数据来源:IEA. *World Energy Outlook* 2014:244.

(1)巴西可持续能源发展的成功经验

巴西可持续能源发展的成功经验主要表现在积极的政策扶持,优先发展明显具有比较优势、具有核心竞争力的水电和甘蔗乙醇等可持续能源产业等。

①可再生能源规划与可持续发展措施

为促进可持续发展,提高可持续能源在能源组合中的战略地位,巴西政府出台了许多相关的政策措施,实施了相应的项目规划。2002 年巴西出台了替代能源激励计划(PROINFA),这是巴西激励可再生能源发展的一个重要能源规划。该计划旨在鼓励使用如风能、生物能、小水电站等可持续能源,促进发电资源的多元化,增加能源安全并减少温室气体排放。

从 2009 年开始,"竞标机制"取代"鼓励替代资源发电项目",成为鼓励清洁能源发展的主要政策。2013 年巴西政府继续实施的可再生能源激励政策包括:电力购买协议(PPA)拍卖计划,要求能源分配商的电力需求通过反向拍卖系统签订长期合同,拍卖的能源类别包括风电、生物质能、水电;巴西开发银行(BNDES)向可再生能源项目低息贷款;替代资源发电项目(PROINFA)优先贷款和优先电力购买协议,并且在电力购买协议下保障网络接入和优先调度。2013 年,巴西电力监管委员会规定,允许个人独立生产的可再生能源电力上网,并通过净电表测量补偿系统将上网电量抵扣电费账单。[①]

巴西一直非常重视可持续能源组合战略在促进低碳节能中的作用。根据巴西 2030 年国家能源计划,到 2030 年可再生能源和甘蔗衍生品将提供的能量组合的 27.6%。考虑到所有部门将减少能源消耗这一基本情景,该计划估计 2030 年能耗将降低约 8%。[②]

巴西可持续能源计划的一个重要成功因素,是在政策激励和大量、持续的公共资源分配的基础上,实施了更广泛的长期农村电气化项目。比如,经过十年的努力,用可再生能源为在农村地区的 1.5 亿人发电的项目已成功实施。该倡议包括着重用于可再生能源的小型电网 85% 的资金补贴,使用预付费计量津贴,并将农村合作社列入执行机构。[③]

②水电开发占据核心地位

水电是巴西可持续能源组合中占据核心地位的能源来源。巴西年发电量的 60% 以上来自水力发电,2014 年巴西水电占据全球的 8.5%。据美国能源署数据,近几年来巴西水力发电占可持续能源发电的比例均在 90% 以上,[④]足可见其在可持续能源领域的统治地位。这主要源于巴西丰富的水利资源。世界第一大河流亚马孙河流经巴西,巴西 2/3 的水电资源蕴含在亚马孙丛林地区,赋予巴西丰富的水利资源。由于储量丰富,便于大规模开发,形成了现在巴西水电在整个能源部门中庞大的占有量,水电部门现成为巴西最发达的可再生能源部门。

虽然巴西希望采用其他替代能源有效降低水电使用以缓解枯水期造成的电力紧张,然而由于有利的自然条件及成熟的水电技术,新的水电项目还是在不断推进。鉴于巴西未来巨大的电力需求,发掘大规模水电的潜力变得更加重要。因此,采取积极的直接行动开发与管理大规模水电,是当今巴西能源部门的当务之急。巴西近年最大规模的一个项目、正在建设中的贝

---

① 国家可再生能源中心. 国际可再生能源发展报告. 北京:中国环境出版社,2014:313.

② Ministerio de Minas e Energia(MME). *Plano Nacional de Energia* 2030. Brasilia, Brazil: MME,2007 // Claudia Sheinbaum-Pardo, Belizza J. Ruiz. Energy Context in Latin America. *Energy*, 2012(4):46.

③ REN21. 可再生能源 2014 全球现状报告,2014:96.

④ EIA. http://www.eia.gov/cfapps/ipdbproject/IEDIndex3.cfm? tid=6&pid=29&aid=12.

罗蒙特(Belo Monte)水电站,坐落在亚马孙河最大的支流上,装机容量12230MW,建成后将成为世界第三大水电站。

小水电是巴西未来水电领域发展的一个重要补充。在一些偏远村庄与国家电网难以进入的地区,构造简单的、内部应用的小规模水电是对传统能源发电的一个重要补充。由于森林保护和地理条件约束,巴西北部仍然是水电最少开发的地区,小水电的开发比例尚不足10%,因此具有较大的潜力。

③大力发展以乙醇为代表的生物燃料

生物能源在巴西的发展是公共政策、制度安排和市场为导向的举措综合实施的结果。1975年巴西出台了"全国乙醇计划"(Proálcool),意图用采用甘蔗产生的乙醇来部分替代汽车燃油,并逐渐提高混合乙醇的浓度。

2004年巴西推出一个雄心勃勃的"国家生产和使用生物柴油计划"(PNPB)计划,计划从2005年到2012年(前3年是自愿,2008年起是强制实行)生产生物柴油与矿物柴油混合的B2燃料(2%生物柴油)。自2013起,混合率必须是B5(5%生物柴油)。2005年,出台了"国家生物柴油计划",将生物柴油引入巴西能源结构。

巴西有着30多年的燃料乙醇工业生产的经验。巴西是世界第二大乙醇燃料生产国和最大的出口国。巴西的乙醇占据全球超过90%的出口市场。国际上,巴西的乙醇项目被认为是对传统油气能源多元化的重要创新,也是连接传统化石能源和实验新能源的重要桥梁。巴西有8.51亿亩土地,大都处于赤道和南回归线之间。优越的气候条件、充足的降水可使巴西的甘蔗生长在最小或者几乎无灌溉的情况下达到最大产量。巴西的燃料乙醇主要用作汽车燃料,现今,巴西全国一半以上的汽车使用生物乙醇做燃料,而生物燃料使用占到运输燃料的13%。2003年,巴西推出了第一款灵活燃料汽车(可灵活选择使用乙醇和汽油,也可使用两者混合燃料。水合乙醇和无水乙醇两种类型使乙醇产业实现了最大的灵活性),此后实现了乙醇燃料大规模替代石油衍生物的计划。至2013年,巴西的汽车燃料中,强制混合不低于25%的乙醇燃料,政府拟进一步将这一比例提高到27.5%。[①]

生物柴油是巴西的另一种重要生物燃料形式。生物柴油是从植物油和

① Goy Leonardo. Brazil to Test Higher Ethanol Requirement in Gasoline-Source. *Reuters*, June 18, 2014. http://in. reuters. com/article/2014/06/18/brazil-biofuels-idINL2N0OZ0OC20140618.

动物脂肪中提取的,并按照不同的比例混合进石油柴油中。巴西有着丰富的生物柴油原料,如大豆、棕榈油、蓖麻子、向日葵、花生等,为生物柴油的生产提供了丰富的原料来源。

大力发展生物能源重塑了国家的能源结构并通过外溢效应波及巴西的其他经济和社会部门。几年间生物能源产业特别是乙醇产业已经是巴西国家经济的一个核心支柱产业,并形成了巴西能源政策中的基本要素。现今,生物能源技术发展并扩散,成为农业综合企业的发动机,也是国家减排战略计划的主要工具。

④市场化的公共拍卖竞标体系

利用公共拍卖竞标体系,可使可持续能源项目在市场化条件下得到充分竞争,公开透明。

2008 年,巴西出台了促进生物电力计划,将生物电力作为储备电力进行拍卖,目的是将生物发电作为水力发电的一个重要补充。从该年起,巴西国家能源电力署(ANEEL)举行第一次储备生物能源拍卖,旨在激励生物能源的使用。

现今,在公开市场的基础上,巴西能源批发市场新创了两个贸易环境,一个是流通企业通过公开拍卖购买能源的管制性、承包制环境(ACR),另一个是自由缔约环境(ACL)。此种机制在大大提高效率的同时,也很好地激励了可持续能源的发展。

2013 年巴西的拍卖分别给予了 4.7GW 的新增风电容量、122MW 太阳能光伏、700MW 的小水电及 162MW 的生物质能。[①]

⑤其他可持续能源

在巴西,太阳能集热器和热水器的成本很有竞争力,每兆瓦时屋顶光伏发电系统的成本低于零售电价。受到太阳能集热的经济竞争、市政建筑法规和社会住房方案等因素驱动,巴西市场六年时间翻了两倍多,2013 年新增加容量接近 1GW,总容量接近 7GW。[②] 现今,巴西已成长为该领域全球最大的市场之一。

巴西风能资源具有世界一流水平,近年来,巴西风电行业发展在地区内也最为突出。2013 年底,巴西已有 3.5MW 已运行的风电装机容量,另有

---

① REN21.可再生能源 2014 全球现状报告,2014:81.
② REN21.可再生能源 2014 全球现状报告,2014:53.

超过 10GW 的项目已签订合同。[①] 然而在巴西国家竞卖会上,风能被排除在外,由于它定价比其他电力资源都要高,因此与水电、生物能等可持续能源相比并不具备成本优势,巴西的风能资源开发水平有待进一步提高。

(2)巴西可持续能源发展的问题

①可持续能源政策的不协调

一是对可持续能源科技的创新政策扶持力度仍然不够。困扰巴西及整个拉丁美洲地区可再生能源行业最大问题之一是缺乏前沿及先期的科技研发,这反映出政府支持可再生能源科技创新的政策力度不够。

二是缺乏长远能源战略,政策不协调。巴西缺乏支持建设大型水电以外的可再生能源的能源战略和政策,整个能源系统的综合规划仍处于初级阶段,还有很长的路要走。巴西缺乏环境政策与能源政策(包括可再生能源政策)之间的协调,降低了政府的行动能力和效率,导致获取环境许可证和水电开发权的成本较高。此外,能源政策制定和规划中,联邦政府在环境领域权力分散,使协议达成和联合行动更难以开展。

三是没有很好兼顾可持续能源开发与能源财富的公平分配。巴西国内尚有众多人口未能使用现代能源。因地制宜地利用各种经济、灵活的可持续能源形式,将这些能源贫困人口纳入其国家可持续能源发展战略,可以有效减少能源贫困。如通过电力普及与使用国家计划(即"所有人用上电"),巴西寻求通过使用太阳能的方式解决能源贫困地区的供应,普及能源供应。现今巴西仍有大量贫困人口无法获得现代能源供应,解决能源分配不平衡问题仍需付出更多努力。

总之,巴西政府需要规划更长远、更具雄心、紧密联系可再生能源开发与可持续发展的能源政策与战略目标,将具体的能源手段如可再生能源技术传播与扩散、联合开发、能效提高等融入地区公平、经济增长战略、环境保护等宏观政策问题中,以更好地协调政策与战略规划。

②可再生能源与环境保护矛盾

巴西国内大量使用的水电、甘蔗乙醇等可持续能源形式,对环境的可持续有着不可忽视的负面效应。

如建设水电设备对渔业和供水、灌溉、河流管理(减少旱涝等)、河道运输、旅游以及本地资源的有效利用等都有诸多好处,然而受到影响的本地居民则有着不同的利益诉求。贝罗蒙特水电站建设与本地社会环境发展之间

---

① REN21.可再生能源 2014 全球现状报告,2014:27.

的矛盾就具有很好的代表性:建设该项目需要淹没 516 平方千米的土地,转移 16000 人,其中大多数都是以渔猎为生的本地人。[1] 针对该项目所发起的"受大坝影响人民的运动",由本地民众以及一些环境组织与科学家开展,声称代表百万被迫撤离民众,对大坝的建设造成很大阻力。

水电开发造成的环境影响使巴西国内产生了以此议题而聚集的利益团体和组织,以及与此相关的一些公众运动,对水电开发项目造成的环境破坏进行声讨,此种环境政治对水电项目实施造成了一定影响。

在乙醇生产方面,为生产生物燃料而进行的森林砍伐和燃烧而造成的碳净损失,需要上百年甚至上千年的时间才能弥补。[2] 过于追求生物能发展的短期经济利益会造成巨大的环境负面影响,过犹不及。

此外,有限的土地资源只能选择种植生产生物能的经济作物或者种植粮食,在使用生物原料生产食品与生产生物燃料之间的竞争使能源安全与粮食安全矛盾凸显。近期一项结果显示,生物燃料生产大量需求促使巴西基础设施配备良好的农业区土地价格上涨和土地分配不均,对社会可持续发展产生了新的负面影响。[3]

10. 澳大利亚

澳大利亚的可持续能源竞争力在 G20 国家中排第十。澳大利亚拥有丰富多样的能源资源,是能源生产大国(第九)和出口大国,约占世界能源生产的 2.4%,能源净出口占到 68%。[4] 澳大利亚在可持续能源领域的良好表现,得益于同样十分优越的可持续能源资源、相对发达的技术水平和相关产业发展状况、相对较高的替代成本、强有力的政策支撑,以及履行国际碳减排义务的积极性(图 5.29)。为应对气候变化,承担国际碳减排义务,澳大利亚政府的减碳目标是到 2020 年减少 5%,到 2050 年减少 80%。

---

① Economic Commission for Latin America and the Caribbean (ECLAC). *Natural resources: status and trends towards a regional development agenda in Latin America and the Caribbean*. Chile: Santiago, December 2013: 73.

② Timothy Searchinger, et al. Use of U. S. Croplands for Biofuels Increases Greenhouse Gases through Emissions from Land Use Change. *Science*, February29,2008,319(5867):1238.

③ Anna Mohr and Linda Bausch. *Energy Sustainability and Society*. March 2013, 3: 1-14.

④ 付学谦.澳大利亚可再生能源概况[J].电力需求侧管理,2012,7(4):62-64.

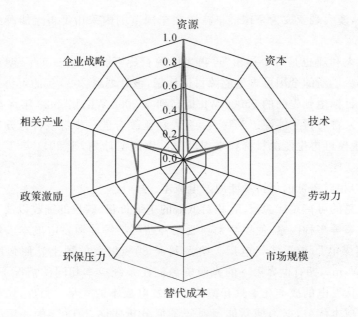

图 5.29　澳大利亚各指标表现

（1）极其优越的能源资源禀赋

澳大利亚丰富的可持续能源可用于取暖、发电和运输。独特的地理环境，如绵延的海岸线、充足的光照，造就了风力、太阳能、地热能、水电、海洋能和生物质能源资源在地广人稀的澳大利亚的广泛分布。澳大利亚拥有世界最高的太阳单位面积辐射量，是全球最适宜建设太阳能发电站的国家之一。得天独厚的自然资源，为发展可持续能源奠定了雄厚的物质基础。

目前，澳大利亚拥有 100 座水电站，61 座风电厂，总装机容量约2500MW，人均可再生能源装机（不包括水电）排名全球第五。澳大利亚国立大学气候经济与政策研究中心研究认为，澳大利亚有潜力于 2050 年通过现有的技术（如风力发电、光伏发电和光热发电技术）实现 100％的可再生能源供应目标。

（2）最早实行可再生能源配额

1997 年，澳大利亚总理发表了题为《安全未来：澳大利亚对气候变化的回应》的演讲，强调推动可再生能源发展。为此，澳大利亚相继出台了一系列政策以支持可再生能源的开发利用。2000 年，澳大利亚政府通过《可再生能源法案》发布强制性可再生能源目标（MRET），对相关电力企业规定了购买一定比例可再生能源电力的法定义务。2001 年，可再生能源配额制正式运行,澳大利亚成为全球最早持续在全国范围内采用可再生能源配额的国家。

澳大利亚也是首个提出"可再生能源目标"的国家,2009 年,澳大利亚政府出台了新的全国可再生能源目标计划,该计划将 2020 年的可再生能源强制性目标由到先前的 9500GWh 提高到 45000GWh,到 2020 年将有 20％的电力来自可再生能源。2010 年,澳大利亚政府进一步将该目标分为两部分:大规模可再生能源目标和小规模可再生能源计划,于 2011 年 1 月 1 日起开始实施。

(3)相对较低的可持续能源发电成本

优越的可持续能源禀赋、相对低廉的土地价格、碳税的征收以及坚挺的澳元汇率等多种因素,使得澳大利亚无补贴可持续能源发电成本已然低于新建燃煤电厂和天然气电厂。澳大利亚 80％以上的国土光照强度超过 2000kW/m²,拥有世界第一的光照资源。在系统成本相同的情况下,澳大利亚光伏发电的成本几乎只有德国光伏发电成本的一半。另外,风电也同样具备成本优势,据彭博新能源财经悉尼分析团队 2013 年的一项研究显示,即使在不考虑碳排放价格(整体经济减排最有效方式)的情况下,风电成本也要比新建煤电厂和新建天然气电厂分别低 14％和 18％。

(4)碳税和碳交易机制推动可持续能源发展

2011 年 11 月 7 日,澳大利亚通过了碳税征收法案,将从 2012 年 7 月起向占全国二氧化碳排放总量 60％以上的能源、交通、工业和矿业等经济部门 500 家大型企业征收碳排放税,征收标准为每吨 23 澳元(约合人民币 150 元),以每年 2.5％幅度增长,并在 2015 年形成温室气体总量控制和排放交易机制。

随着碳税征收和碳交易机制的建立,传统能源的使用成本将提高,可再生能源和清洁能源的竞争力将会提升,并获得更多投资。到 2050 年,澳大利亚在可再生能源领域的投资规模可达 1000 亿澳元,最终将有力推动澳大利亚可再生能源、清洁能源和节能技术的进步和产业的发展。

(5)优越的政策环境

经过多年的积累,澳大利亚逐渐形成了优越的政策环境。为鼓励清洁能源发展,澳大利亚政府相继出台一系列可持续能源的法律和政策措施。首先,通过《可再生能源法案》的发布,确定了强制目标。其次,通过实施一系列财税激励政策促进可持续能源的生产、经营和消费。以光伏发电为例,政府的各项财税扶持政策,例如实施太阳能家庭及社区计划,开展太阳城计划和太阳能学校计划项目,实施太阳能旗舰计划(完成两个大型光伏发电系统),以及各州及地方性政府出台光伏上网电价补贴政策等,使得澳大利亚光伏市场增长迅速、光伏发电逐步被认可,并获得了很高的公众支持。澳大利亚优越的政策环境还体现在成立了专门的管理机构、研发机构及社会组织。澳大利亚成立了可再生能源管制办公室(the Office of the Renewable Energy Regulator,ORER)负责监督大规模可再生能源目标(Large-scale Renewable Energy Target,LRET)和小规模可再生能源计划(Small-scale Renewable Energy Scheme,SRES),对可持续能源和能效改善项目提供前期的补贴和技术研发的支持;另设有澳大利亚可再生能源中心、澳大利亚太阳能研究所等专门的可持续能源研究机构和风能协会、太阳能协会等可持续能源行业组织。

(6)国内政治格局的负面影响

2014 年以来,澳大利亚国内政治格局陷入僵局,给可持续能源发展带来了相当大的负面影响。因为澳大利亚各党派对可再生能源目标的制定存在一些争执,在大规模可再生能源领域的新投资实际上已然停止。以风电为例,自从托尼·阿博特(Tony Abbott)(2010 年以来的第四任总统)领导的保守派政府于 2014 年表示想要削减对风力发电产业补贴,大约 44 件澳大利亚风力发电开发案被束之高阁,中间偏左的反对党劳工党,拒绝就政府修订清洁能源目标让步,由此而生的政治僵局导致风力发电产业发展戛然而止。2014 年澳大利亚国内对可再生能源大规模项目的投资快速衰退,与 2013 相比,下跌幅度达到 90%。2014 年澳洲大型风能、太阳能和其他清洁能源投资的投资数额降幅高达 88%,从 20 亿澳元跌至 2.40 亿澳元,为 2002 年以来最低水平。澳大利亚全球投资排名也从 2013 年的第 11 名(投资额近 20 亿澳元,1 澳元约合 5.06 元人民币)滑落到 39 名。澳大利亚政府 2015 年 4 月发布的《能源白皮书》基本反映了负面影响的政策结果,白皮书表示:政府将对所有能源形式采取中立态度,不会给某一种能源以优先地位,在可再生能源变得更具有竞争力之前,化石能源特别是煤炭仍将"在为全世界提供低价能源方面发挥至关重要的作用"。这基本表明,澳大利亚政府希望抓住化石能源领域不放、不愿拥抱可持续能源的保守立场。

11. 韩国

韩国的可持续能源竞争力在 G20 国家中排第十一。分值为 35.96,与日本(分值为 39.34)差距并不大,基本上处于同一梯队(图 5.30)。同样的,韩国是能源资源贫乏的国家,能源严重依赖进口,其能源进口依存度达90%以上。早在1987年,韩国国会便通过《新能源和可再生能源发展促进法》。近年来,面对国际石油价格的飙升和全球气候变化的新挑战,韩国知识经济部(原产业资源部)于2008年6月公布的高油价经济综合方案提出,要从根本上解决高油价问题,必须从供需入手,建立先进与稳定的能源供求系统。其中,开发可持续能源,是实现能源供应多样化的重要途径。

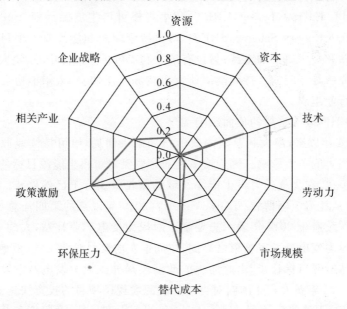

图 5.30　韩国各指标表现

(1)长期稳定的"新能源和可再生能源基本计划"

1997年,韩国制定了为期10年(1997—2006年)的《第一期新能源和可再生能源基本计划》,重点是跟随发达国家的先进技术进行本国的基础研究。随着国内技术水平的不断提高,2003年,韩国提前制定了为期10年(2003—2012年)的《第二期新能源和可再生能源基本计划》。第二期基本计划的目标是提升能源自给率以及构建新能源和可再生能源工业的基础设施,还提出了2011年前新能源和可再生能源占韩国能源供应5%的具体指标(2003年开始实施计划时只占2.06%)。计划投资(包括贷款)约为118亿美元,将太阳能电池、风能和氢燃料电池等列为优先发展领域。国际石油价格飞涨使全球能源环境产生了重大变化,于是韩国又制定了《第三期新能源和可再生能源基本计划》,将部分领域的工业化以及新能源和可再生能源出口市场的拓展作为重点。

（2）高额且差别化的补贴政策

韩国通过提出 1996 年"地方发展补贴计划"、2007 年"10 万户太阳能屋顶计划"补贴等项目积极促进地方可持续能源和节能项目。韩国政府为开拓可持续能源市场，采用两种方式进行补贴：一是对于经过论证有市场潜力的示范项目，政府补贴安装费用高达 80%；二是针对已经进入商业化阶段的项目，政府补贴达到 60%，补贴经费由中央政府和地方政府共同承担。为了促进地方引进可持续能源和节能项目，韩国于 1996 年提出了"地方发展补贴计划"。对于地方进行的可行性研究、人员培训和促进当地可持续能源发展的活动，最多可给予全额补贴。对于地方安装太阳能电池和风力发电机等可持续能源装置，最高补贴可达 70%。

（3）全力打造光伏产业第五强国

韩国政府为促进太阳能推广应用，在蔚山市日出村开展新能源试点，32户中的 22 户安装太阳能电池屋顶和太阳能热水器，安装成本为每户 3700万韩元，其中只有 5%（185 万韩元）由个人承担，其余由中央财政和地方财政补贴。韩国"10 万户太阳能屋顶计划"实施过程中，2007 年就有 7317 户换装太阳能屋顶和太阳能热水器，政府补贴高达 4899.7 万美元。当前，"零碳岛"济州岛太阳能试验区内有大概 1.2 万个用户屋顶已经安装了光伏发电系统，太阳能发电量在 50MW 左右。由于韩国政府的政策支持，其在2012 年的累计装机容量达到 1064MW。目前，韩国政府不遗余力地推动光伏发电产业发展，力推可再生能源投资组合标准①及相关项目，并已取代原先的上网电价补贴政策，以实现到 2015 年光伏装机容量 1.2GW 的目标，成为世界第五大太阳能产业强国。作为欧洲之后的又一重要新兴光伏市场，韩国地域广阔，光照条件优越，市场发展潜力巨大。

（4）重视海上风能利用及风电技术研发

韩国于 20 世纪 90 年代初期开始以大学和研究院为基础进行基础研究和小型风力发电设备的研究，并于 90 年代中期正式开始技术研发，1993 年投资 242.1 万美元建设 3 个风电项目，开发约为 313 吨油当量的风能。2001 年韩国开发出了中大型垂直轴风力发电机，自此韩国不断深入对风电技术的研发。韩国由于国土面积小，十分注重对海上风能的开发，2010 年

---

① 可再生能源投资组合标准要求供电商必须拥有一个最低的可再生能源比例，所依赖的是以竞争、效率和创新为根本的市场化运作方式，并要求可持续能源发电企业以最低的成本运作。

起开始在扶安、灵光地区海面建立 100MW 发电规模的风能发电区,并于 2013 年全部建成。此外,韩国政府计划投入 9.2 万亿韩元在韩国西南海上建立 2500MW 的海洋风能园区,以加大国内新能源的开发利用。截至 2012 年,韩国累计安装风电机组容量为 446 MW,比上年增加了 20.5%。2014 年初,亚洲风能协会成立,协会总部就设在了韩国济州岛。

(5)发挥示范项目的应用推广作用

韩国政府十分重视发挥示范项目的应用推广作用。以首尔"日光城"和济州岛"零碳岛"为例,2012 年,首尔市政府公布将城市改造成"日光城"的规划。数据显示,截至 2014 年,首尔新增光伏装机容量为 320MW,这也是首尔"核电站愈少愈佳"(One Less Nuclear Power Plant,ULNPP)项目内容的一部分。ULNPP 项目旨在通过一系列措施促进可持续能源发展(含光伏),开启首尔通往能源独立的康庄大道。济州岛"零碳岛"项目则计划到 2020 年,利用智能电网和可再生能源,构建"零碳岛"基础设施,智能电网部门计划济州岛可再生能源发电量占比达 68%;到 2030 年,济州岛将采用陆上及海上风电、太阳能及储能系统来替代所有的化石能源。济州政府发展风电的最终目标是 2.35GW,其中包括 350MW 的陆上风电和 2GW 海上风电。济州岛还是韩国环境部选定的电动汽车试验区,计划到 2015 年底,济州岛电动汽车存量约 3000 辆,最终目标是到 2030 年实现汽车尾气二氧化碳零排放。

12. 意大利

意大利的可持续能源产业竞争力在 G20 国家中排名十二,落后于本报告涉及的绝大多数欧美发达国家,仅略高于第十四位的西班牙。从各分项得分看,意大利的分值普遍不高,只有替代成本一项除外(图 5.31)。意大利的能源供应高度依赖进口,日均进口 110 万桶原油,是仅次于德国的欧洲第二大石油进口国;2015 年汽油平均零售价高达 1.74 美元/升,居 G20 国家之首,从而导致可持续能源对传统化石能源的替代效应显著。为了降低能源的外部依赖性,减缓气候变化等生态环境压力,意大利在能源转型政策制定方面进行了大量有益探索,促进了本国可持续能源产业的发展。

(1)国家可再生能源战略目标明确

意大利政府从 1999 年开始致力于国家层面可再生能源政策的制定,并一直走在世界前列。根据 2010 年发布的《国家可再生能源行动计划2010—2020》(National Renewable Energy Action Plan,NREAP),未来

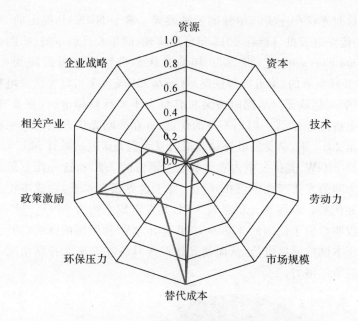

图 5.31 意大利各指标表现

10 年,意大利的可再生能源占一次能源消费比重将从目前的 13% 增长到 17%。届时,可再生能源消费量有望达到 22.6Mtoe,电力的 26.4%、制热和制冷所耗能源的 17.1% 及运输所耗能源的 10.1% 将来自可再生能源。欧盟各成员国中,意大利对可再生能源的补贴最高,同时也是唯一详细阐述通过合作机制进行可再生能源目标值(Renewable Energy Sources Target Value)交易的国家。2013 年出台的《国家能源战略》(*National Energy Strategy*,NES),提出了更为远大的可再生能源发展目标:到 2020 年,可再生能源占一次能源比重将增长到 23%。这一目标要比 NREAP 设定的 17% 高出 6 个百分点,足见意大利政府对能源转型升级的重视。从长期来看,NREAP 和 NES 的制定都将为意大利能源产业的发展起到积极的引导作用。

(2)政府立法大力发展光伏产业

意大利的可持续能源装机容量仅次于中国、美国、德国和西班牙,居全球第五位。2013 年,意大利的人均可持续能源电力占有量为 510W/人,其中生物质能、地热能、太阳能光伏、水电和风电占比分别为 8.1%、1.8%、35.6%、37.0%、17.4%(图 5.32)。得天独厚的太阳能资源优势,使得光伏发电在意大利可持续能源产业中扮演着重要角色。意大利政府也一直通过设定电价对光伏产业实施单独的激励政策。鉴于 NREAP 提出的 2020 年 8GW 光伏发电装机目标在 2011 年已经实现,同年 6 月颁布的《第四能源法案》(*Conto Energia IV*)将 2020 年的光伏装机目标大幅提高到 23GW。2012 年 8 月生效的《第五能源法案》(*Conto Energia V*),将光伏发电补贴上限提高到 67 亿欧元/年,同时按装机容量大小实行阶梯电价(图 5.33),并对自用电价进行 27%~61% 不等的优惠,意在鼓励光伏自用发电项目的开发。截至 2013 年,享受发电补贴政策的意大利光伏电站共计 531242 个,总装机容量 18GW,光伏发电占意大利电力消费的 7.8%,这一比重居世界首位。意大利的光伏产业不仅在规模上处于世界领先水平,在成本控制方面也有明显优势。以屋顶光伏系统为例,其发电成本约为 2400~3000 美元/kW,不仅明显低于德国的 3500~7000 美元/kW 和中国的 3380 美元/kW,甚至低于本国的零售电价,从而使光伏产业具备在未来无补贴情况下与化石能源竞争的潜力。

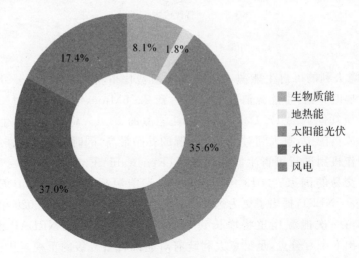

图 5.32　2013 年意大利各类可持续能源发电量占比

数据来源:可再生能源 2014 全球现状报告.

(3)多项措施提高能源自给率

近年来,意大利的能源缺口不断加大。2012 年,一次能源消费量高达 2102GW,居世界第十五位,而生产量仅有 414GW,居世界第四十六位,能源自给率不足 20%。为了实现 NES 提出的 2020 年能源自给率 37% 的目标,意大利正采取多项措施发展可持续能源产业:由政府主导的第二次风电

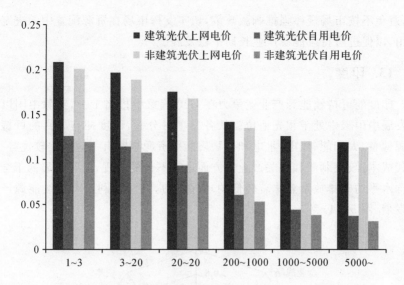

图 5.33　意大利太阳能光伏阶梯电价(单位:欧元/kW·h)

数据来源:意大利《第四能源法案》.

项目拍卖在 2013 年顺利举行,以支持本国 400MW 新增容量的发展目标;同年,地热能新增装机容量 1.0MW,累计装机达到 0.9GW,居世界第五位;在生物质能方面,尽管目前意大利的生物质发电量稳居世界前列,政府仍计划到 2020 年增加到 19780GWh/年,其中固态、液态和气态生物质发电量分别增加到 7900、4860、6020GWh/年,产热量分别增加到 5254、150、266Ktoe。总之,一系列支持、优化可持续能源产业发展的政策"组合拳"的出台,将有效降低能源的对外依存度,为意大利顺利实现 2020 年的能源自给率目标奠定基础。

(4)意大利光伏市场震荡的政策启示

意大利能源监管局(*Gestore Servizi Energetici*,GSE)依据 *Conto Energia V* 所规定的光伏发电年补贴限额,在 2013 年 6 月当年补贴累计超出 67 亿欧元的上限后停止了对新增光伏项目的补贴申请。这是经历 2011 年三位数增长、2012 年较快增长后,光伏产业增速首次明显放缓。2013 年全年新增光伏装机容量不足 2011 年新增容量的 1/6。随着近年来意大利经济增长疲软,用电量不断下降,加之欧盟宣布自 2014 年 4 月起,逐步取消对太阳能等可持续能源产业的补贴,可以预见,意大利光伏产业将进入一段寒冬期,成为继西班牙和捷克等国之后,又一个光伏热的"受害国"。作为拥有全球第二大光伏装机容量、年新增容量居全球第一的国家,中国应以此为借鉴,避免不按市场规律强推刺激政策,切实发挥市场在资源配置中的决定性作用,以促进可持续能源产业长期平稳发展。

13. 印度

印度的可持续能源产业竞争力在 G20 国家中排名十三,在除中国以外的发展中国家中处于领先地位。从各分项得分看,印度拥有丰富的可持续能源储备,太阳能、风电、水电和生物质能等资源禀赋有一定的比较优势;在替代成本、政策刺激和相关产业等方面也有不俗的表现;但其明显低于全球人均水平的碳排放量意味着较低的环保压力,反而不利于可持续能源产业的发展(图 5.34)。

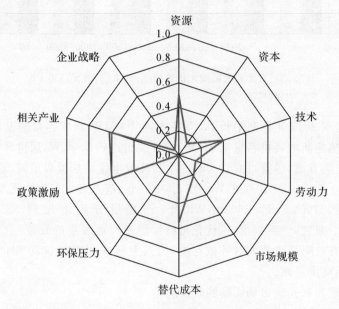

图 5.34 印度各指标表现

(1)可持续能源资源禀赋的比较优势

印度的能源资源禀赋特征鲜明。一方面,化石能源储量严重不足,如 2013 年 76% 的原油和 34% 的天然气依靠进口;另一方面,它的可持续能源却相当丰富。首先,印度地处南亚次大陆,全境每年 300 天以上是晴天,年太阳辐射量约为 1200～2300kW·h/平方米,太阳能的潜在装机容量可达 100GW,而 2014 年印度实际装机容量仅为 3.5GW,利用率尚不足 4%,开发前景广阔。其次,独特的北印度洋季风环流,使得印度的风电资源也十分可观。据估计,风电潜在装机容量高达 700GW,而目前累计装机 21GW,利用率仅有 3%,市场开发潜力同样巨大。同时,印度的水力资源丰富,可开发水电资源储量居世界第五,总量可达 150GW,其中低于 25MW 的小水电发展潜力约为 20GW。截至 2014 年,印度水电的累计装机容量接近 41GW,不足储量的 1/3,其中小水电约占 10%。国际上普遍将水电与火电 40∶60 作为最佳比例,而印度目前该比例为 23∶77,可见水电仍有一定的发展空间。作为农业大国,印度的生物质能也非常丰富,装机潜力达 24GW,是目前实际装机容量的 4.8 倍。因此,综合比较印度的资源禀赋与能源利用现状,本报告认为其发展可持续能源产业具有明显的比较优势。

(2)从国家战略高度设立可持续能源主管部门

印度将发展可持续能源置于国家能源战略的重要位置,早在 1992 年就成立了非传统能源部,后更名为新能源和可再生能源部(Ministry of New and Renewable Energy,MNRE),专门负责除大水电外的一切涉及新能源和可再生能源的规划、决策与管理工作。2015 年 2 月,由 MNRE 主办的印度首届可再生能源投资峰会在首都新德里召开。峰会吸引了全球超过 200 家投资商、350 个参展商以及来自政府、研究机构、金融机构、行业协会和学术界等千余名代表参加。会上印度总理莫迪宣布今后将把太阳能作为可持续能源的优先发展方向。目前太阳能发电约占印度可再生能源的 8.2%,占全部能源的比重仅为 1%。为加快发展印度的太阳能产业,MNRE 推出了《贾瓦哈拉尔·尼赫鲁国家太阳能计划》(*Jawaharlal Nehru National Solar Mission*,JNNSM),从 2012 年起分三个阶段逐步实现 2022 年 20GW 并网太阳能的发电目标(图 5.35)。届时,可再生能源发电占印度能源消费的比重有望提高到 15%。

(3)可再生能源配额政策效果欠佳

印度政府于 2003 年颁布《电力法》(Electricity Act),不仅对可持续能源发电采取固定电价政策,还赋予各邦电力监管委员会规定可再生能源购电比例的权利,从法律上为实施可再生能源配额政策提供了依据。2011 年,印度中央电力监管委员会(Central Electricity Regulatory Commission,CERC)决定在全国范围内实施可再生能源证书(Renewable Energy Certificates,REC)交易制度。规定电力企业必须承担一部分可再生能源购买义务(Renewable Purchase Obligation,RPO)。可再生能源发电除了获得与常规能源发电相同的上网电价之外,生产每十亿瓦时电量还可以生成一个 REC,允许在印度能源交易所(India Energy Exchange,IEX)公开交易,以

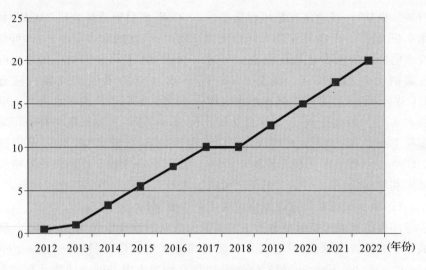

图 5.35　印度 20GW 太阳能并网目标的三个阶段

数据来源：Ministry of New and Renewable Energy. Jawaharlal Nehru National Solar Mission.

满足各发电企业实现 RPO 的不同需求。为配合 JNNSM 的实施,印度很多邦在制定 REC 实施细则时,特别要求发电企业包含一定比例的太阳能电力,并对太阳能发电类 REC 进行限价。就目前情况来看,该政策的实际效果非常有限。以 2013 年为例,各邦太阳能和非太阳能 RPO 的平均达标率分别仅为 18% 和 69%,包括首都新德里在内的 5 个邦几乎为 0。随着太阳能光伏成本不断下降,限价所导致的发电成本倒挂现象日益严重,从而导致配额交易受阻,REC 基本处于有价无市的行情。

　　(4)印度可持续能源发展的经验与教训

　　MNRE 是印度可持续能源领域的主管部门,负责与可持续能源相关的政策制定、发展规划、开发推广、知识产权保护和国际合作等事宜。下设四个专业技术机构,分别是太阳能中心、风电中心、水电中心和国家可再生能源研究所。相比于印度,我国在可持续能源管理方面缺乏明确的行政主体,相关工作分散于国家能源局、国土资源部、水利部、农业部和环境保护部等各部委,加之国家能源局一直未升格为能源部,客观上不利于从国家层面对可持续能源产业做统一规划和管理。鉴于我国大部制改革的总体方向,仿照印度设立可持续能源部并不现实。建议未来在大能源部的构架下设立国家可持续能源局,整合现有各部委相关职责,统筹负责太阳能、风电、水电、生物质能和地热能等可持续能源的开发、利用与保护。

印度实施可再生能源配额政策的初衷是借助市场机制鼓励电力企业利用可持续能源发电。但是在实施过程中,由于相关制度缺乏顶层设计,各邦政策导向不一,执行和惩罚力度也大相径庭,阻碍了电力企业的跨邦交易意愿,而邦内交易更易受资源禀赋和电力装机容量的限制,无法解决某些邦业已形成的巨大电力缺口。我国在制定可再生资源配额政策时,应注意避免印度的上述弊端。课题组认为,英国的一些经验可资借鉴:由中央政府确定可持续能源发电的总量目标并逐级阶段性分解;各可持续能源公司自由投标;独立的第三方机构对标书进行技术和经济可行性评估;通过初评估的公司提交最终标价,并测算电力采购成本以及不同装机容量的补贴总量;政府根据预定目标和最终标价确定上网公司和电价;最后由中标企业执行合同。

14. 西班牙

西班牙的可持续能源竞争力综合排名位居第十四位。尽管已是欧洲第五大能源消费国,西班牙国内几乎没有可供开采的石油和天然气资源。传统油气资源的极度匮乏也迫使西班牙政府在经历 20 世纪 70 年代的石油危机后不得不重视本国的能源供应安全问题。除了积极利用煤炭资源替代石油,以及大力开拓本国油气资源的进口渠道外,西班牙还开始重视开发本国的风能和太阳能等资源。这点与丹麦经验极为相似,传统油气资源的匮乏在很大程度上促使西班牙政府下决心开发本国可再生能源。

经过多年的发展,可持续能源在西班牙一次能源结构中扮演着越来越重要的角色。据英国石油公司统计年鉴显示,西班牙国内累计光伏装机容量从 2000 年的 2MW 迅速攀升至 2014 年的 5358MW,目前落后于德国、意大利和法国,居欧洲各国第四。该国国内累计风能装机容量从 2000 年的 2358MW 快速增长至 2014 年的 22987MW,风能的装机总量仅次于德国,位居欧洲第二。[①] 目前包括水电在内的可持续能源发电量已达到西班牙国内发电总量的 30% 左右。可持续能源的发展在西班牙减少温室气体排放量、降低能源对外依存度和增强本国能源企业的国际竞争力等方面发挥了重要作用。

相比其他 G20 国家,西班牙在资源禀赋、技术实力以及替代成本等方面表现较好。然而,由于在 2007 年爆发的全球性金融危机中遭受重创,最近几

---

① BP. BP Statistical Review of World Energy 2015 Workbook. June 2015 [2015-8-11]. http://www.bp.com/en/global/corporate/about-bp.html.

年来西班牙政府大幅度地削减了对包括太阳能在内的可持续能源的补贴,由此导致了该国在资本投资、相关产业投资吸引力等方面表现不佳(图5.36)。

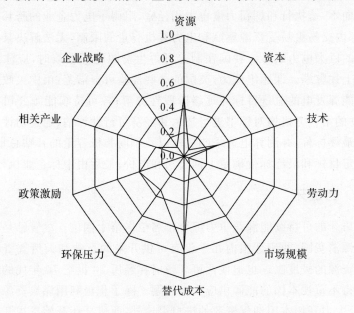

图 5.36　西班牙各指标表现

相对其他国家而言,西班牙在发展可持续能源方面具有如下一些特点:

(1)政策激励推动西班牙可持续能源发展

西班牙是较早开发风能和太阳能等资源的国家之一。最初,为了鼓励可持续能源的发展,西班牙政府在能源价格机制和电力上网等方面给予了充分重视。一方面,西班牙政府出台了可持续能源保护性价格机制。这一机制能够确保风力农场以及光伏电站的经营者有一个相对固定的电力价格,由此保证了对项目投资者有一个最低的回报,也增强了项目所有者的融资能力。另一方面,为了促进可持续能源规模化发展,保障电网安全稳定运行,近年来西班牙在资源规划、电网建设、电力结构优化、电力调度、新技术推广应用等方面采取了配套措施,确保电网的可靠性维持在较高的水准。这也使得在清洁电力份额日益扩大的情况下,能有效降低可持续能源的间歇性、不稳定性以及不可预测性等缺点,避免重大电网事故的发生。目前,风电等可持续能源已经成为西班牙电力供应的主要来源,而这部分能源之所以能够快速增长离不开灵活的西班牙电网所起的积极作用。这些配套基础设施的建设确保西班牙的可持续能源产业在国际金融危机前取得了较大的发展。

(2)经济激励的不可持续性导致了政策改弦更张

尽管可持续能源的扶持政策助推了相关产业的发展,但是政策的不当刺激也使得太阳能等产业的发展速度远远超过了政府的政策规划。鉴于政府对太阳能等绿色能源的补贴价格是常规电力价格补贴的 12 倍,这种超常的发展速度也给西班牙政府带来了沉重的财政负担。据报道,截至 2013年,西班牙政府拖欠电力公司的补贴款项已经高达 260 亿欧元。这种补贴款主要用于补贴电力公司以低于成本的价格向消费者售电和对清洁能源的大量投资。另据《经济学人》提供的数据显示,西班牙对绿色能源的投资在过去 5 年中增加了 18 倍之多。考虑到西班牙的债务已经达到创纪录的8820 亿欧元,并且民用电价不断上涨也引发了民众的改革呼声,这些都迫使西班牙工业部于 2013 年夏天开始着手削减清洁能源补贴。削减额相当于向公共事业公司和风电、太阳能场主收取费用达 27 亿欧元,转嫁给消费者的费用相当于将电费提高 40％。[1] 不难想象,当西班牙政府大幅削减对可持续能源产业的补贴之后,该国新增可持续能源装机容量也出现了快速的回落。

综上所述,西班牙的可持续能源发展历程表明,在可持续能源的经济可行性、行业发展的可持续性以及一国财政的健康稳定性之间,存在着相互依存的关系。若从短期看,政策激励无疑会加快可持续能源的发展,但如果着眼于长远,政府应更多地通过制定环境排放标准,取消传统化石能源的隐性补贴等政策,给予可持续能源与传统化石能源相对公平的竞争机会,更多地通过市场的选择,而非仅仅依靠政策红利鼓励可持续能源的发展。

15. 墨西哥

墨西哥的可持续能源竞争力综合排名第十五位。丰富的风电、太阳能、地热能和水电资源,以及对新的、更加经济的发电装机容量的需求,正在为墨西哥的可持续能源投资活动注入强大的动能。[2]

从图 5.37 可见,化石能源依然是墨西哥的主要能源形式。在可持续能

---

① 詹妮弗·莉金斯.西班牙可再生能源征税风险大.颜会津,编译,中国能源报,2013-10-7(9);白晶.西班牙要大砍可再生能源补贴.中国能源报,2013-6-10(7).

② 彭博新能源财经.墨西哥和中美洲——正在崛起的清洁能源投资增长引擎[2014-8-19].http://about. newenergyfinance. com/about/content/uploads/sites/4/2014/08/BNEF＿PR＿2014-08-19_Mexico-and-Central-America-Update_CN. pdf.

源领域,水电是墨西哥最重要的可持续能源形式,此外,地热能、风能、太阳能占据一定的比例。

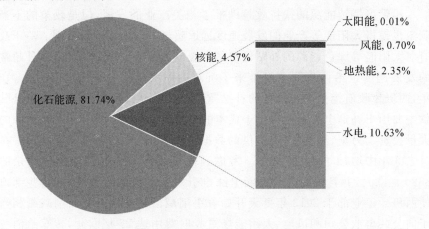

图 5.37 墨西哥能源与可持续能源组成图

数据来源:墨西哥国家能源秘书处(SENER).

墨西哥在地区内有着较高的投资信用等级,吸引着世界各地的投资者,近来由于欧美大规模可再生能源开发项目的急剧减少,引起了墨西哥的注意。墨西哥巧妙利用世界可持续能源投资开发低迷期,将其可持续能源推向国际市场。

图 5.38 显示,墨西哥相对丰富的可持续能源资源、较为有力的政策激励以及较高的替代成本使墨西哥的可持续能源得以相应发展。而资本、技术、劳动力、市场规模、企业战略、相关产业等要素则处于非常短缺的状态。

(1)鼓励政策与积极的改革措施

作为主要石油生产国的墨西哥,近年来开始重视可持续能源发展,制定了一系列鼓励促进可持续能源发展的政策。

墨西哥 2005 年颁布了《环境效益投资加速折旧法》,该法案对可再生能源的投资给予鼓励,投资方如果投资可再生能源项目,第一年可享受 100％的税赋减免优惠。2007 年 12 月墨西哥又颁布了《生物能源促进与发展法》,目的是推动生物能源技术生产和商业化。2008 年 11 月,墨西哥国会通过了《能源改革法案》(Energy Reform Bill),以及可再生能源使用和能源过渡融资法(LAERFTE)。

2012 年 6 月,墨西哥颁布了气候变化法(GLCC),提出到 2024 年墨西

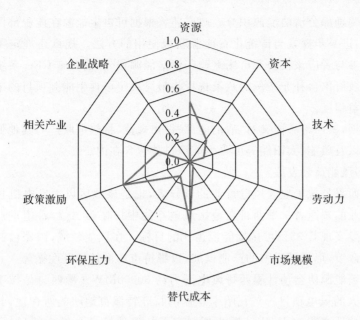

图 5.38 墨西哥各要素表现

哥非化石能源(包括大水电和核电)在能源消费中的比重达到 35％。[1] 而目前,这一比例尚不足 20％。

政府期望通过未来几年在太阳能和风能等领域的大力投入,使可持续能源占有率急剧增加,太阳能产能从 2012 年的 54.6MW 增加到 2018 年的 627.5MW,同期风能则从 1332MW 增加到 8922MW。[2]

2013 年 12 月 18 日由墨西哥联邦立法宣布《墨西哥能源改革法案》,该项改革正在不断推进,在可持续能源领域也有值得称道之处,比如清洁能源认证机制、加利福尼亚地区示范项目等。

2014 年 10 月,墨西哥政府颁布了针对"清洁能源积分"(CEC)的规章草案,CEC 机制的如何构建将深刻影响可再生能源相对于廉价化石能源的竞争地位。该草案规定,不使用传统化石能源的清洁能源发电机每兆瓦时奖励一个清洁能源积分,使用某些传统化石能源形式的清洁能源发电机每

---

① 国家可再生能源中心. 国际可再生能源发展报告. 北京:中国环境出版社,2014:301.

② Nathan Paluck. Mexico's Newly Opened Energy Market Attracts Renewables. *Renewable Energy World*,May 8,2014[2014-05-08]. http://www.renewableenergyworld.com/articles/2014/05/mexicos-newly-opened-energy-market-attracts-renewables.html.

兆瓦时奖励部分清洁能源积分。政府还将根据可再生能源在能源部门中的竞争力,进一步探索与传统化石能源联合使用的方法。规章还规定哪些能源部门参与者应该在公开市场上购买清洁能源积分,而实施 CEC 系统的时间点和政府出台补充条例的政策选择将最终决定可再生能源项目的未来发展的收益程度。

近期,墨西哥法律又对"清洁能源"做出规范,将热电联产与其他低碳排放科技以及风能、太阳能等可再生能源科技包含在内。[①]

(2)风能蓬勃发展

墨西哥是拉美地区风电行业的领导者,也是该地区风力发电机技术和制造产业的领跑者。墨西哥在地区风电产能中排在第二位,希望重点依赖风能开发实现其 35% 可持续能源占比的目标。在风能领域,国家已制定了相应的政策,形成了完整的产业框架,以维持市场增长的良性循环。

拉美能源协会预计墨西哥风电潜力约 30000MW。墨西哥是拉丁美洲地区最大的风电项目——瓦哈卡地区的特旺特佩克地峡的所在地,其三大风能场总计产能 306MW。墨西哥制定了拉美地区最具雄心的目标,拟在 15 年内将风能的比例从 2% 提高到 20%。现墨西哥风电能源市场正在蓬勃发展,近期有 1900MW 风电项目在建,并计划在 2015 年完工。2014 年,墨西哥风能产量 782MW,达到历史最高点,占 86% 的可再生能源投资比例。[②]

(3)能源改革对太阳能发展的影响

墨西哥在地区日益兴盛的太阳能产业占据重要地位。墨西哥太阳能有着巨大的潜力和需求。业内人士称,墨西哥电力需求在 2025 年将达到 22GW,与此同时,它有着高水平的日照强度,达 5.5kW·h/m²。

墨西哥有着发展成为一个巨大、惊人的太阳能市场的潜力。过去 10 年间,墨西哥的太阳能市场在以每三年翻三番的速度增长,这已经超过了美国发展太阳能早期的水平。2015 年,墨西哥太阳能产能将达到 295MW,已经达到美国 2008 年的水平。

2013 年和 2014 年初墨西哥有几个太阳能光伏大项目开始启动。2014

---

① Dino Barajas. Mexico: Latin America's Renewable Energy Renaissance. *Power Finance & Risk*, Feb 9, 2015.

② Frankfurt School-UNEP Centre/BNEF. *Global Trends in Renewable Energy Investment 2015*, 2015: 28.

年到 2018 年将是墨西哥太阳能产业的一个爆发期。据预测,该阶段太阳能产业将达到太阳能总产能的 70%,商业市场规模将达到该时期装机容量的 11%。此外,低于 20kW 的住宅项目与高于 1MW 的大型商业项目也将在这一时期迅猛增长。①

墨西哥的太阳能企业的开发行为几乎独立于政府动机。近期墨西哥在尝试新的模式,建造一些商业光伏发电站,直接将其生产电力销售给批发市场(而不是通过长期的购售电合同)。为发掘其太阳能潜力,墨西哥企业必须在一系列复杂的能源改革和电力效率结构中找到适合的项目,以便能在一个高度不确定的环境中吸引资本。

一切的不确定性归因于墨西哥的电力改革。墨西哥电力改革的目标是清除电力系统的垄断,使被国有的联邦电力委员会(CFE)垄断的电力行业变为完全市场化。然而这种改革也表现出一定的弊端,对太阳能产业发展产生了负面影响。主要表现在:第一,项目许可是在改革前旧有的机制下获得并可在年底前完成,还是等待或者转换成新的规章许可来完成;第二,改革赋予了大型电力消费者可以在整个市场上直接购买电力的权利,这就使得原来购买可再生能源发电给予补贴的优惠丧失,因此也减少了太阳能发电的一个优势。

零售价格是多方关注的一个焦点。在墨西哥的住宅领域,绝大多数的消费者电力价格获得较高补贴(可在 150kW·h 电内获得 6%～9%的补贴)。在墨西哥,电价补贴是受欢迎的政治行为,目前该国尚有 40 条补贴费率实施。尽管电力改革在引导电力走向市场竞争,电价将继续维持在低水平的认识难以改变,开发者还是很难在墨西哥找到合适的承购商,锁定更长期的合同。

此外,虽然大型公用太阳能项目可以吸引到来自国内国际的投资,但小型项目依然难以以合理的价格吸引到合理的投资。超出资产价值的价格、合同文本形式的不正规及主要太阳能项目实施的墨西哥北部许多地区的暴力、社会不稳定问题,令众多投资者望而却步。

(4)地热能开发对私人开放

墨西哥具有丰富的地热能潜力,地热能开发区域集中在加利福尼亚半

① Julia Pyper. Mexico's Solar Market in Limbo with Reforms Changing the Rules Mid-Game. *Greentech Media* [2015-04-21]. http://www.greentechmedia.com/articles/read/mexicos-budding-solar-market-is-in-limbo.

岛（墨西哥西北部的半岛）和横跨墨西哥中部的火山轴地带。墨西哥地热能容量达 1GW，即使在现有技术条件下，墨西哥可开发地热资源也可达 8000MW。

墨西哥是拉美地区地热开发的领导者，拥有近 40 年的发展经验，占地区装机容量的 70％。墨西哥是世界第四大地热能生产国，2013 年的产量是980MW。该国在 2014 年还创立了地热能研究中心，为促进私人部门的开发项目投入 7500 万美元运行经费。墨西哥能源部计划到 2018 年再增加217MW 的地热能产量。

墨西哥现有地热开发规模还极为有限。现今一个主要约束是，法律限制了私人企业的涉入，地热开发主要集中在政府手中。随着能源改革的实施，墨西哥能源法的修改使地热能市场也开始对私人部门开放，可促进地热能更快的开发与生产。

此外，不成熟的行业和市场、较低的能源价格、较高的投资风险等因素持续困扰着具有较高潜力的市场。此外，管理不善也阻碍了增长的步伐。国家审批机构对地热项目经验的缺乏导致项目延误、不确定性增加，从而产生了较高的开发成本。

（5）投资风险与陷阱

墨西哥与美国在地理上的临近，以及其在北美自由贸易区中的生产者地位，激起了投资者的极大兴趣，对其能源生产和传输部门进行投资。墨西哥成为地区内在可持续能源领域投资仅次于巴西的经济体，发电、太阳能光伏等可持续能源装机容量明显增加，地热能开发处于世界领先地位。

针对墨西哥可持续能源的多边融资机构和商业银行、国际发展银行等国际机构投资，往往注重对可持续能源基础设施项目的投资，注重对某些经济、环境或社会目标的促进作用。

然而投资者还需注意墨西哥投资的固有风险，成功的投资需建立在对该国政治、投资环境、能源市场的充分了解的基础上。

16. 南非

南非的可持续能源竞争力综合排名位居第十六位。在 G20 国家可持续能源竞争力的各项指标比较中，南非的排名都不是很出色，相对而言，在资源禀赋、替代成本以及相关产业投资吸引力等要素指标表现较好，而资本、技术以及企业竞争力等要素指标表现欠佳（图 5.39）。

作为非洲首要的经济体与电力消费大国，2012 年南非的电力装机容量

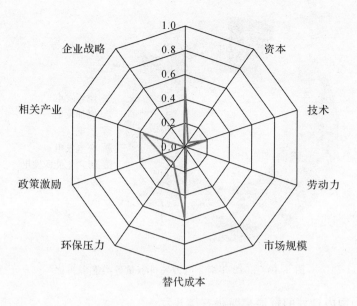

图 5.39　南非各项要素指标表现

为 45GW,占非洲装机容量的近 1/3,而其年发电量更是高达非洲发电总量的 35%。不过,相对电力总量的份额而言,南非在水电、风能和太阳能等领域的优势并不突出。在 2012 年时其包括水电在内的可持续能源的装机容量和发电量均未超过非洲总量的 5%,这主要源于南非的电力来源来自于传统化石能源。目前,南非国内近 87% 的电力装机容量来自于火力发电,6% 为燃油发电,4% 来自于核电,天然气接近 1%,另有略高于 2% 的装机容量来自于包括水电在内的可再生能源(图 5.40)。[①]

由于过于依赖煤炭资源,南非已是全球第十二大温室气体排放国。近年来,随着国际温室气体减排压力越来越大,南非加快了本国能源多元化的进程。此外,由于经济增长导致本国电力供不应求,并且考虑到本国煤炭资源的有限性,南非政府将可持续能源产业作为促进本国经济发展的重要驱动力,积极调整国家能源结构,推动太阳能、风能资源的开发与利用,以便降低对煤炭的过度依赖,提高本国的国际竞争力。

在发展可持续能源产业方面,南非具有以下几方面的特点:

① Bloomberg New Energy Finance Multilateral Investment Fund part of the Inter-American Development Bank, UK Department for International Development, Power Africa. *Climate Scope 2014: Mapping the global frontiers for clean energy investment*, 2014: 91.

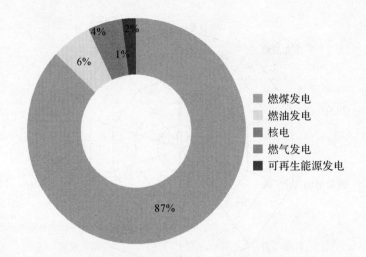

图 5.40　2012 年南非电力装机容量各类能源占比

（1）国内良好的资源禀赋仍有待开发

南非位于南回归线两侧，全国主要受副热带高压带影响，全年平均日照时长为 7.5～9.5 小时，拥有"太阳之国"之美誉，因此全年都有充足的光照用于太阳能转换。此外，由于国土大多被大西洋和印度洋所环绕，南非同样具备良好的地理和气候条件，使风能也能相应转换成有用的能源。为了应对全球气候变化，南非政府早在 2003 年 11 月时便发布了《可再生能源白皮书》（*White Paper on Renewable Energy*）。白皮书确立了到 2013 年南非国内可再生能源总装机量将达到 1670MW，并且能源需求总量的 4%（100 亿 kW·h）将来自于可再生能源的总体政策目标。这些可再生能源主要由生物质能、风能、太阳能和小水电构成。然而，直到最近几年，南非的可持续能源开发一直乏善可陈。究其根源，主要在于先前南非的国家能源战略及政策都未能给予可持续能源足够重视。

（2）政策激励推动资本投资快速增长

南非是非洲各国中最早开发可持续能源的国家之一，但是与欧美发达国家相比，其风能、太阳能等资源开发尚处于起步的阶段，这主要是由于这类能源的开发成本相对于南非丰富的煤炭资源而言并不具备经济竞争力。鉴于此，南非政府推出了一系列政策措施，包括上网电价以及绿色债券等措施，积极助推可持续能源产业发展，其中最为重要的是独立发电商采购可再生能源计划（Renewable Energy Independent Power Producer Procurement

Programme,REIPPPP)。该计划宣称南非于2016年前使可再生能源发电能力达到3725MW,为实现这一目标,南非政府希望通过多轮项目招标落实可持续能源项目建设规划。

这些政策措施极大地调动了企业的投资积极性,有效地促进了可再生能源技术的发展。仅在2012年和2013年这两年内,南非的可持续能源投资就高达100亿美元,其投资金额不仅高居非洲国家榜首,而且也促使南非跻身全球十大可持续能源投资目标国之列。随着后续招标项目的陆续开展,投资额增长趋势有望在最近几年得以延续。不仅如此,资金来源也日趋多元化,除了来自于世界银行5亿多美元的贷款外,还有数十亿美元的贷款分别来自渣打银行以及南非本土的商业银行。

(3)远景目标宏大,标杆效应显著

为了促进本国经济社会的可持续发展,推动能源结构的低碳转型,南非政府于2011年通过了《2010—2030年电力综合资源规划》(*Integrated Resource Plan for Electricity*,IRP2010),该规划勾勒出了未来20年间南非电力供应与发展蓝图。在新增的装机容量中,可再生能源所占比重最高,预计将会新增114GW装机容量,与之相对的是,新增火电装机容量仅为63GW。这些大胆且富有想象力的政策举措促使南非在短时期内迅速成长为全球重要的风能、太阳能大国。以风能为例,为了抢占南非的市场份额,全球主要风能企业纷纷与本土企业合作在南非投资,使得该国的风能产业链日趋完善。

同南非类似,北非和东非等地的国家一年四季接受充足的光照,刚果河、尼罗河、赞比西河等流域蕴藏着极为丰富的水力资源,并且东非高原和非洲西北部沿海地区还有大量未经开发的风能,如果能够运用现代科技合理地开发这些资源,那么当地的很多居民将从中获益。南非的发展经验已经表明,可持续能源的政策和能源技术可以从其他国家引进,但这些政策和能源技术必须要结合当地的实际情况。目前,作为能源构成重要组成部分的可再生能源,尤其是风能、太阳能、生物质能以及小型水电站,已经在非洲各国扮演着越来越重要的角色。单就风能而言,2014年非洲新增风能装机容量已经超过1GW。这种发展趋势对于那些目前尚无法接触电力的发展中国家的十多亿人,尤其是撒哈拉以南非洲地区的居民而言是一种福音。概言之,可持续能源不仅适用于南非,同样适用于其他非洲国家和地区。

17. 土耳其

土耳其在可持续能源竞争力中排名第十七位。土耳其地处欧亚非三洲交界处,地理位置重要,经济发展蒸蒸日上。土耳其能源部长耶尔德兹(Taner Yildiz)曾在 2013 年预计其能源需求到 20 年代初还要比现在翻一番。[①] 同时,土耳其的自然资源禀赋却有其不协调之处:煤炭丰富而油气匮乏。在这样的情况下,土耳其积极开拓能源进口渠道,并且十分重视新能源的发展。

总的来说,土耳其在资源禀赋、产业支持和替代成本等方面拥有相对较好的条件,而在新能源投资额、技术水平、政策激励及劳动力数量、企业竞争力等方面则还有待提高(图 5.41)。土耳其的新能源发展有如下几个较为重要的特征。

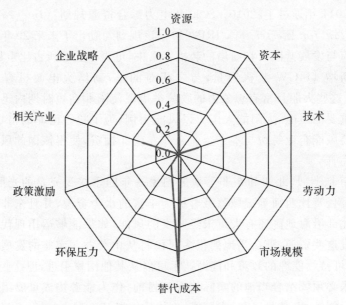

图 5.41 土耳其各要素表现

(1)积极的可持续能源战略目标及能源政策

为了保证其自身的可持续发展,同时也为了早日达到欧盟标准的能源

---

① 未来 10 年土耳其能源需求将再翻一番. http://www.mofcom.gov.cn/article/i/jyjl/j/201311/20131100404114.shtml.

结构以争取加入欧盟,土耳其大力发展新能源,并制定了一系列法律和战略。2005 年 5 月 18 日,土耳其颁布了《再生能源法》,以扩大利用可再生能源进行发电。2007 年,土耳其又颁布了《地热资源和矿产水利法》,进一步规范并促进了新能源的开发利用。此后,土耳其在《2010—2014 年能源战略规划》中规定,到 2023 年可再生能源电力供应占比要提高到 30% 以上。同时,土耳其政府预计将斥资近 23 亿美元进入可再生能源市场。

作为土耳其的能源主管部门,土耳其能源部目前主要实施着较为积极的能源政策以保证能源供应、降低对外依存度并使得能源结构与欧盟要求相符。这一系列政策包括:加快与俄罗斯、伊朗、沙特阿拉伯等国的谈判;加快勘探及开发本国的页岩气;推进核电站的建设、引入外国核电技术;开发本国风电等。

(2)以水能为主,风能等为辅的新能源开发策略

在众多的新能源中,土耳其的开发是有主次之分的。这与土耳其的具体国情以及各种新能源的开发条件有关。

根据美国能源信息署(EIA)2012 年的数据,土耳其水电年发电量为 57865GWh,占总发电量的 1/4,[1]但是土耳其水资源的开发比例只有 21%,这意味着土耳其并未完全开发利用本国的水电资源——尤其是其小水电的开发潜力尚未得到充分利用。在电力消费量不断提高、本国化石能源发电量不足、提高新能源比例的政策目标的背景下,水电的大力开发几乎是必然选择,也有很大发展空间的选择。目前,土耳其正加快推进水能的开发工作,东南部的安纳托利亚工程、乔鲁赫河工程等都在稳步推进中。因此,水能将会是土耳其未来的重点开发领域,并且小水电将有望成为土耳其新能源开发的主力军。

目前土耳其已经开始了风能的建设,虽然 2012 年土耳其风电总发电量占全部发电量比重还不到 3%,[2]但是土耳其的风电资源蕴藏量较大,具有较好的替代潜力。

可以说,土耳其的水能和风能有很大的开发潜力,并得到了强有力的政策支持。

(3)重视欧盟标准,推动国际合作

土耳其的新能源开发不止受到国内政策与资源禀赋的影响,还与其所

---

①② IEA. Turkey：Electricity and Heat for 2012. http://www.iea.org/statistics/statistics-search/report/? country＝TURKEY＝&product＝electricityandheat&year＝Select.

处的国际环境息息相关。一方面,土耳其对于加入欧盟的渴求大大推动了其可能源开发进程。另一方面,在发展新能源的过程中,土耳其十分重视国际合作。可以说,上述实践对于土耳其弥补技术缺陷、提高本国企业竞争力以及制定更高的新能源开发目标将有十分重要的作用。

(4)小水电、风电以外的新能源开发遭遇瓶颈

在水能与风能以外,土耳其也努力尝试开发其他的新能源,然而进展缓慢。以土耳其的太阳能发展为例,土耳其计划到 2023 年使太阳能装机量达到 3GW。[①] 2011 年太阳能热水器新增装机占全球新增装机 2.6%,高居全球榜首,但是这一势头并没有维持下去,2014 年,土耳其新增太阳能装机仅仅为 0.078GW,按照这一速度是无论如何完成不了目标的。因此,2015 年土耳其启动了 0.3GW 的光伏项目招标。但是目前的情况并不乐观,缺乏补贴政策、合理的电价政策、具体的远期规划,都限制了土耳其光伏发电的发展。今年的目标可能依旧无法完成。因此,土耳其的光电不仅发展缓慢,也缺乏具体明确的政策、规划,前景不容乐观。

总体来说,土耳其未来的经济发展前景较为良好,能源需求也较大,但土耳其也需要改善其对外能源依赖度高、化石能源占比高的状况。在页岩气技术未取得突破、经济性不足的状况下,土耳其主要求助于新能源的发展,这是一个必然的选择。另外,水电、风电已经如火如荼地进入建设周期,在未来几年内集中投产是可以预期的。因此,新能源的占比提高是一个较为现实的预测,这也正是土耳其可持续能源竞争力之所在。

18. 阿根廷

阿根廷可持续能源竞争力综合排名第十八位。阿根廷是拉美地区内可持续能源最丰富的国家之一,但由于受到连年的政治混乱、经济低迷与管理不善等一系列国内政治经济问题的困扰,其可持续能源开发尚处于初始阶段,有很大的潜力尚未发掘。

图 5.42 蛛网图显示,阿根廷的各要素表现与墨西哥较为相似,其可持续能源资源比较丰富,政策激励较为积极,替代成本较高也是促使阿根廷可持续能源发展的一个重要条件。但同样在资本、技术、劳动力、市场规模、企业战略、相关产业等要素则处于非常短缺的状态。

---

① http://guangfu.bjx.com.cn/news/20150127/585126.shtml.

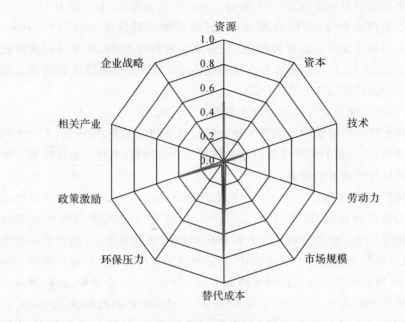

图 5.42　阿根廷各要素表现

(1)积极的政策激励

　　阿根廷采取一系列的政策措施,以促进、激励、经济上支持可持续能源的开发。在国家层面上,阿根廷第一部促进可持续能源的法律文书是针对风能和太阳能开发的第 25.190 法,条文指出风能和太阳能发电是国家的主要利益所在。该条文同时适用其他可再生能源形式,如地热能、潮汐能、水电、生物能、沼气等。

　　2006 年 12 月,阿根廷通过了国家促进可再生能源使用法(第 26.190 号法),要求发展风能、生物质能、小水电、潮汐能、地热能,到 2016 年可再生能源满足电力需求的 8%。[1] 可再生能源预期生产目标是到 2016 年,生产电力达到 3GW。[2]

　　现今阿根廷主要有两个促进可持续能源的项目,一个是自 1998 年开始实施的"农村市场的可再生能源"(PERMER)项目;另一个是 2009 年开始实施的"可再生能源资源发电竞投"(GENREN)项目,对总量达到 1GW 的

①　国家可再生能源中心.国际可再生能源发展报告.北京:中国环境出版社,2014:322.
②　REN21.可再生能源 2014 全球现状报告,2014:122.

可再生能源的电力进行了招标,通过招标合同购买电力,有效期为 15 年。

在生物能领域,2013 年创立了"促进生物能源发展项目"(PROBIO-MASA),旨在促进生物能源的生产、管理和可持续利用,该项目初步阶段计划到 2016 年,使生物能源的发电量达到 200MW。这将使生物能源在能源组合中的比例从 4.9% 提升到 10%。

(2)利用现代可持续能源技术惠及贫困民众

阿根廷可持续能源发展惠及社会的最显著的成果是,用风能、光伏太阳能等清洁、可负担的可持续能源惠及贫困的农村地区,使这些地区居民享受到现代可持续能源的服务。

阿根廷国内尚有生活在贫困的农村地区的 250 万人无法使用现代电力。为解决该问题,阿根廷 1998 年开始实施"农村市场的可再生能源项目",用现代可再生能源科技为农村贫困人口提供电力服务,建立了一套灵活、可持续的全国性特许配送模式,并加强省级机构监管。目前已取得了如下成果:阿根廷在偏远农村地区的 2.1 万个家庭、2100 个学校、医院等建筑上安装了太阳能家庭系统,为学校安装了 410 个太阳能热水器,安装了 3.6MW 的太阳能家庭系统和 1MW 的风电家庭系统,建立了 2400 个家庭微型电网。该项目迄今已向国内 15 个省份的农村贫困地区的 2.7 万户家庭,约 10 万居民提供了可再生能源的服务。[①]

(3)地区领先的生物能源开发

阿根廷生物能源开发处于地区先进水平。在生物能源生产规模上,阿根廷是世界第四生产大国,位列美国、德国、巴西之后,产量为 23 亿升,虽然落后于巴西,却遥遥领先于南美洲其他国家。

近年,受到阿根廷乙醇混合燃料 E5 目标的驱动,阿根廷的乙醇产量几乎翻了一番。2014 年,Promaíz S. A. 公司新建的该国最大的使用玉米作为原料的乙醇生产工厂已投产,具有 1.3 亿升产能,该工厂拥有一个技术领先的连续发酵工艺过程。

阿根廷大豆产量丰富,可以利用大豆生产生物柴油。2014 年,阿根廷的大豆生物柴油产量预计将达到 48251 桶,产能大幅增加到 88746 桶。然而,最近欧盟的生物柴油进口反倾销关税实施后,阿根廷一直无法找到一个

---

① The World Bank. Renewable Energy in Rural Argentina. October 10, 2013[2013-10-10]. http://www.worldbank.org/en/results/2013/10/10/renewable-energy-in-rural-argentina.

替代的生物柴油出口市场。[①]

为应对该问题对生物能源开发造成的影响,2013 年 5 月政府开始对热电厂用生物柴油减税 22%,对汽油混合用生物柴油减税 19%。此外,对生物柴油生产企业和加油站的盈利税(3%)、增值税(21%)、燃油税(5%)全部免收。[②]

目前阿根廷生物能源标准是,生物乙醇混合燃料配比 5%(E5),生物能源混合燃料配比 10%(B10)。

(4)水电

阿根廷水电发电也占据重要地位,水电发电量占总发电量的 1/3,[③]其中绝大多数是大型水电项目。阿根廷与巴拉圭共同拥有亚西雷塔水电站,装机容量 310MW,是阿根廷最大的水电站。

阿根廷政府实施了小水电计划,探明潜力地区,促进小水电的发展,目前小水电设施主要安装区域在安第斯山脉南部地区,规模不足 600MW。但阿根廷允许私人发电直接进入电力市场,又实施了一系列促进小水电发展的政策和措施,预计中小型水力发电有更好的发展机会。

(5)风能太阳能

阿根廷具有世界上最丰富的风能、太阳能资源,而开发规模仍很微小。在风力发电机领域,阿根廷也是该地区技术和制造产业的领跑者。阿根廷计划到 2016 年,风能装机总量达到 1.2GW。

阿根廷太阳能潜力巨大,23 个省份中有 11 个省日照强度年平均值达每天 5kW·h/m²。阿根廷计划到 2020 年,太阳能装机总量达到 3.3GW。

(6)主要问题

①融资不足与机制缺乏

阿根廷可持续能源开发所需的投资面临不足的困境。2001 年,阿根廷拖欠债款导致违约,此后在国际信贷市场上获得贷款变得艰难,在可持续能源投资开发领域长期缺乏来自融资机构的支持。没有专门的融资机制,可持续能源融资渠道一般来自省级机构基金电力发展基金、国际组织通过教育部的援助等。此外,国内的公私信贷机构都缺乏针对可持续能源项目的特殊方案与管理经验。

---

① EIA. [2015-09-01]. http://www.eia.gov/beta/international/analysis.cfm? iso=ARG.
②③ 国家可再生能源中心.国际可再生能源发展报告.北京:中国环境出版社,2014:323.

②政策激励障碍

阿根廷可持续能源开发动力不足，没有将可持续能源与传统能源之间的价格差距考虑在内，缺乏相应的补贴措施，致使可持续能源不具备价格优势。同时，在可持续能源激励政策上缺乏机制创新与灵活应对，政策环境与准入制度需要及时更新，以适应不断变化的现实情况。

③技术障碍

由于技术差距，虽然有着丰富的可持续能源，在其他国家已经实施的项目在阿根廷却无法开展。由于缺乏相关人才与技术，可持续能源设施的运行与维护面临巨大的困难。

此外，由于知识匮乏与电力需求的迫切性，阿根廷电力供应部门中传统能源相对于可持续能源占据很大优势。而针对可持续能源的信息传播与民众教育十分缺乏，难以从认知层面对可持续能源技术接受与兼容，这也就导致了可持续能源投资、开发的落后。

④经济社会因素

阿根廷不符合国情的自由主义政策泛滥，连年被军事统治与腐败、混乱的民粹民族主义、经济保护、财政与政治管理不善等问题所困扰。这导致阿根廷虽有着世界上最丰富的可持续能源，但却没有资金、技术以及合适的政策与环境以吸引投资者。近期，由于慷慨的社会福利与为进口能源需求增加而扩大的外债，[①]以及美元走强等外部因素的影响，阿根廷比索猛跌，国内政治、经济、社会稳定形势堪忧，这也大大影响到可持续能源的开发。

19. 俄罗斯

俄罗斯可持续能源竞争力综合排名第十九位。俄罗斯资源丰富，是世界第二大干气和第三大液化气生产国。尽管煤炭在其能源结构中仍然居于重要地位，但是其煤炭产量所占比重相对不高。俄罗斯经济非常依赖传统能源，石油和天然气的利润占了联邦预算利润的 50% 以上。[②] 而 2013 年，可再生能源仅占俄罗斯一次能源消费总量的 6% 左右。

在这样的情况下，俄罗斯对新能源的需求并不高，并且缺少必要的激励

---

① Saul Bernard Cohen. *Geopolitics*: the Geography of International Relations(Third edition). Rowman & Littlefield, U.S.,2015: Chapter 6, 176-177.

② EIA. *International Energy Data and Analysis*: *Russia*. http://www.eia.gov/beta/international/analysis.cfm? iso=RUS.

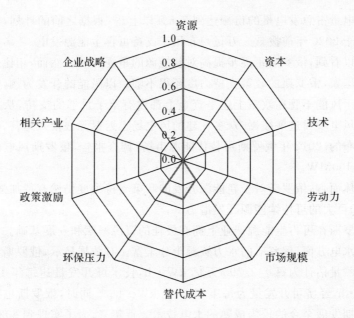

图 5.43　俄罗斯各要素表现

政策和产业环境,因而在该领域的发展较为缓慢(图 5.43)。

(1)政策上逐步加大对可持续能源的扶持力度

尽管俄罗斯目前还没有加入国际可再生能源署(IRENA),但俄罗斯政府并未忽略新能源的开发。事实上,面对目前温室气体排放不断增加的情况,俄罗斯政府已经意识到了调整能源结构,发展新能源的必要性。从1996 年颁布的《联邦节能法》到 1998 年的《关于在俄罗斯境内鼓励节能的补充措施》,俄罗斯早就将新能源的开发视为转变国家能源结构的重要部分。2004 年,俄罗斯正式签署了《京都议定书》,承诺要将俄罗斯温室气体排放量维持在 1990 年的水平。

此后,俄罗斯政府出台了多项鼓励可再生能源发展的法令,逐步完善了相关的法律,并在 2009 年发布的《俄罗斯联邦 2030 年前能源战略》中将新能源的开发作为未来能源发展的目标之一,同时还计划到 2030 年,将可再生能源需求提升至 14%左右,使新能源发电占全部发电量的 38%以上。

2014 年 3 月,俄罗斯政府首次为总装机量为 504MW 的可再生能源提供了补贴,其中 399MW 为太阳能。普京希望通过此举,推动俄罗斯可再生能源发电量占总发电量的份额达到 2.5% 以上。[①] 根据之前的计划,俄罗斯政府将于 2020 年前拨款 3 万亿卢布用于支持可再生能源发电。

可以看到,俄罗斯正逐步提高对新能源的重视程度。然而,相比于邻近的欧洲国家,俄罗斯的政策支持力度还很不够。以风能的开发为例,俄罗斯政府对于风能不管在政策上还是资金上都没有给予足够的支持,从而导致俄罗斯风电项目进展缓慢,众多在建的风电场也迟迟无法投入运营,根据俄罗斯发布的《2012 年俄罗斯可替代能源市场》调查报告,俄罗斯风电总装机量仅为 100MW。[②]

总体而言,俄罗斯对于新能源开发的政策支持力度仍然有待加强。

(2)巨大的可持续能源开发潜力

俄罗斯在可再生能源产业上拥有极佳的资源禀赋和发展基础。

在水电方面,俄罗斯的水力资源十分丰富。有数据显示,俄罗斯的理论水能蕴藏量估计为每年 2.295 万亿 kW·h,技术可开发量达每年 1.67 万亿 kW·h,经济可开发量为每年 8520 亿 kW·h。[③] 同时,俄罗斯也拥有从苏联时期发展至今的较为成熟的水电技术。近年来,为了实现到 2020 年水电装机达 60GW 的国家电力战略目标,俄罗斯国有水力发电公司正深入开发北高加索地区的小水电站。

俄罗斯的风力资源同样丰富,据估计俄罗斯的经济风能潜力为 2000 亿~3000 亿 kW·h/年。倘若俄罗斯在建的风电项目都够得到落实,其风电装机量将超过 5GW。[④] 另外,俄罗斯的地热资源、潮汐资源以及太阳能资源都十分丰富,还拥有发达的乙醇工业。但是,这些能源的应用仍然规模较小,在总发电量中的占比微乎其微。

俄罗斯新能源的巨大开发潜力如今已经引起了来自国内外的关注。2013 年 8 月,俄罗斯国家纳米集团和股份制私企雷诺瓦集团联合投资 27 亿卢布用于建设新的太阳能电站。而在国际上,日本、挪威、美国、荷兰等国

---

① *Russia Offers First Ever Subsidies for Renewable Energy*. http://en. twwtn. com/Life/ 67_63202. html.

② 华人风电网.2012 年俄罗斯可替代能源市场调查报告出炉. http://www. wp-forum. cn/ ArticleShow. asp? nid=5272A4CA-D80F-41CC-B113-DC62A1FD6D44.

③ 中俄资讯网.发展潜力巨大的俄罗斯水电资源. http://www. chinaru. info/qjeluosi/eluos-izs/2201. html.

④ 中国石油新闻中心. 俄罗斯非化石能源地位上升. http://news. cnpc. com. cn/system/ 2012/08/30/001390277. shtml.

都已计划到俄罗斯投资水电、风电、太阳能、生物燃料和地热能等可再生能源领域。国际金融公司等组织也向俄罗斯的可再生能源产业进行了投资。

（3）传统能源阻碍新能源发展

俄罗斯发展新能源的阻碍主要来自其传统能源部门。一方面，俄罗斯对传统的石油、天然气的严重依赖削弱了市场对于新能源的需求，从而导致政府甚至民众都对新能源重视不够。另一方面，政府关注力度小就造成了新能源开发领域人才稀缺、政策支持少、资金不足等问题，进一步降低了新能源的竞争力，由此引发恶性循环。在可持续发展潮流的带动下，俄罗斯已经在试图转变其固有的能源结构，然而传统能源的支配性地位使得俄罗斯面临着比其他国家更加严峻的挑战，俄罗斯新能源的发展仍然任重道远。

总的来说，俄罗斯新能源发展的竞争力主要源自于其良好的工业基础以及丰富的自然资源。而在资金投入、技术研发、市场拓展、政策激励、产业化等方面，俄罗斯都仍有待提高。

20. 沙特阿拉伯

沙特阿拉伯可持续能源竞争力综合排名第二十位。尽管沙特阿拉伯是名副其实的石油富国，不过由于缺乏经济持续发展必不可少的高素质劳动力，并且人均石油储量并没有科威特等国丰富，这些都预示着该国过度依赖石油出口产生的经济隐忧。由于不再满足出口未经加工的油气资源，沙特阿拉伯加快了本国的工业化进程，以便将本国的石油、天然气和矿业资源加工成更加有利可图的商品出口至他国，由此也极大提高了该国的能源消耗总量。不仅如此，随着国内人口的增长，以及人均电力消耗的快速增长都造成了该国电力需求总量的持续上升。据 BP 的统计数据显示，沙特阿拉伯的电力供给总量已从 2000 年的 1262 亿 kW·h 增长到 2014 年的 3036 亿 kW·h，十多年间增长了 141%。[1] 因此，如何在可预见的未来确保电力稳定供应的同时尽可能降低本国的发电成本，这对沙特阿拉伯政府而言是项重要且艰巨的任务。

同欧美等先发国家相比，沙特阿拉伯在可持续能源领域的发展乏善可陈。除了在太阳能领域的资源禀赋很好以及人均碳减排的压力居前外，沙特阿拉伯在其余各项指标中的表现都毫无亮点可言（图 5.44）。不过，鉴于

---

① BP. BP-Statistical Review of World Energy 2015 Workbook，2015. *Electricity Generation* [2015-8-11]. http://www.bp.com/en/global/corporate/about-bp.html.

沙特阿拉伯政府对于本国经济结构过于单一化的担忧,最近几年沙特阿拉伯国内也出现了更多的发展可持续能源的呼声。

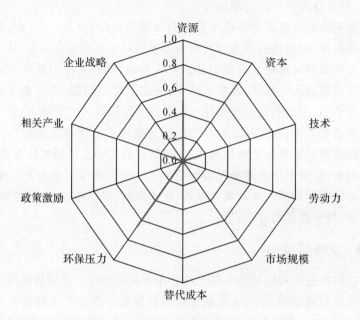

图 5.44 沙特阿拉伯各项指标表现

(1)沙特阿拉伯发展可持续能源的动力

沙特阿拉伯在石油输出国组织(OPEC)中起着至关重要的作用,扮演着"浮动产油国"的角色。与 OPEC 其他相对较小且政局不稳的成员国相比,由于沙特阿拉伯拥有更为庞大的剩余石油产能和主权财富基金,即便本国的石油出口量或者国际石油价格的小幅变动,对沙特阿拉伯而言都不会产生任何国内经济问题,这也赋予了该国可以根据国际石油市场的需求调整本国国有石油公司的产量来影响国际油价的特权。历史上,沙特阿拉伯丝毫不惮于展示其在调节全球石油供求平衡、稳定国际油价方面的独特作用。可以说,该国庞大的油气资源储量,尤其是剩余石油产能是"相当于核武器的能源力量,一种用于对抗那些试图挑战沙特领导地位与目标的国家的强有力的威慑力量"。[①]

---

① E. L. Morse and J. Richard. The Battle for Energy Dominance. *Foreign Affairs*, March/April 2002:20.

既然石油资源是如此至关重要,沙特阿拉伯自然打算好好地经营本国的石油工业。为了确保资源的可持续利用,沙特阿拉伯国内有一派技术官僚主张将石油的生产水平限制在只需满足国内财政收支平衡的水平上。他们不希望沙特阿拉伯全力配合工业化国家,满足它们毫无节制的石油饥渴症。他们同样对本国旺盛的能源需求保持着警觉,因为若按当前速度增长,二十年后该国的大部分原油产能将只能用于国内消费。这些都会导致石油资源过早枯竭,无异于无情地剥夺子孙后代唯一的重要财富。鉴于可再生能源的推广利用不但有助于满足国内的用电需求,而且还有望降低本国用电成本,因此沙特阿拉伯政府非但未将可再生能源视为是石油的竞争对手,反而要将发展可再生能源作为保护国内油气储量的重要手段。

(2)沙特阿拉伯发展可持续能源的方案

除了极为丰富的石油资源外,沙特阿拉伯还具备极佳的日照条件,其平均日照量相当于大多数欧洲国家的两倍。然而,资源禀赋只是发展太阳能产业的重要原因之一。沙特阿拉伯有超过 60% 的电力负荷来源于空调制冷,这意味着当一天光照条件最好时,恰恰也是该国空调制冷用电高峰期,而此时太阳能光伏发电输出功率也最高,这也是促使沙特阿拉伯开发太阳能的重要因素。根据该国的新能源发展规划,沙特阿拉伯政府计划投资1090 亿美元在本国建立强大的太阳能产业。阿布杜拉国王原子能与可再生能源城(The King Abdullah City for Atomic and Renewable Energy,KACARE)规划展现了该国积极开发太阳能资源的宏伟蓝图。根据这一宏大规划,沙特阿拉伯计划在未来 20 年开发 41GW 的太阳能装机容量,其中25GW 为太阳能热发电,其余则是太阳能光伏发电。作为其中的一大亮点,沙特计划将伊斯兰教圣地麦加打造成完全依靠太阳能发电运行的城市。一旦整个规划变成现实,其产生的能源替代效应相当于能帮助沙特阿拉伯释放 52 万桶/日的石油产能。

除了太阳能,风能也是阿布杜拉国王原子能与可再生能源城规划重点开发的可持续能源。沙特阿拉伯计划到 2032 年时新装 9GW 的风能装机容量。这些风力涡轮机最有可能被安装在红海和波斯湾沿岸,除了考虑到这些海岸线上的风力资源较丰富外,这些地方产生的风电不需要长距离输送就可以直接给当地的海水淡化工厂供电。最后,为了更充分地开发其他可持续能源,弥补太阳能和风能发电的间歇问题,该规划还计划在未来 20年内相继开发 3GW 的垃圾发电和 1GW 的地热能发电。

（3）沙特阿拉伯发展可持续能源的限度

尽管能源结构的调整无疑能促进经济的持续发展，但是沙特阿拉伯要想将可持续能源发展蓝图变成现实还需要克服诸多障碍。这其中最大的障碍来自于该国相当庞大的国内能源消费补贴。2015 年 4 月初沙特阿拉伯国内的汽油零售价仅为 0.16 美元/升，这一价格水平不仅是 G20 国家中最低的，而且仅相当于在价格榜单中位列倒数第二位的俄罗斯国内汽油价格 0.66 美元/升的一个零头。自从 2011 年起源于突尼斯的阿拉伯之春运动爆发后，提高能源补贴便成为沙特阿拉伯政府笼络民心和稳定政权根基的重要手段之一。然而，化石能源补贴出台容易维持难，要想撤除则更加难。据国际能源署的数据显示，2011 年仅沙特阿拉伯一国的能源补贴就高达 610 亿美元，相比之下，该国未来 10 年扩大可再生能源电力生产的开发投入只有 1500 亿美元。[①] 即便沙特阿拉伯有雄厚的主权财富基金，如此庞大的能源补贴也是相当沉重的负担。而从效果上看，对化石能源的过度补贴只会扭曲能源市场价格信号，导致化石能源的过度消费和温室气体排放的增长，并且阻碍可持续能源的发展。

其次，国际石油价格的大幅下跌也对可持续能源发展带来了负面影响。2014 年以来的油价暴跌导致可持续能源的经济竞争力降低。为了确保本国石油的市场份额，沙特阿拉伯不愿削减本国的石油产量，这导致国际石油市场出现供过于求的局面，国际油价也因此维持在低位。油价暴跌导致了沙特阿拉伯发展可再生能源资源、核能以及节能的动力下降。这点无疑也是沙特阿拉伯已将其可再生能源的装机里程碑目标推迟至 2040 年的重要原因。

21. 印度尼西亚

印度尼西亚（以下简称印尼）的可持续能源产业竞争力在 G20 国家中排名垫底（第二十一名）。从各分项得分看，印尼的分值普遍很低，政策刺激和企业战略两项甚至为 0（图 5.45）。这与印尼作为全球最大岛国所特有的人口和资源压力是分不开的。即便如此，印尼政府在提高可持续能源多样性方面所做的有益探索仍值得我国借鉴。

---

① Sarah Kent, Summer Said. 未雨绸缪海湾富油国推进可再生能源开发. 华尔街日报，2013-01-29 [2015-8-5]. http://cn.wsj.com/gb/20130129/bas144035.asp.

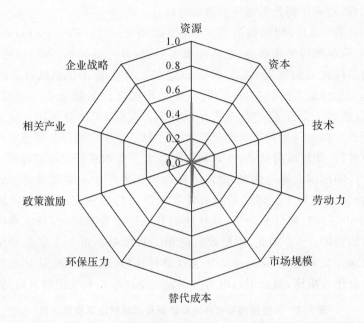

图 5.45　印度尼西亚各指标表现

（1）人口和资源压力倒逼能源转型升级

印尼人口在 2014 年达到 2.55 亿，仅次于中国、印度和美国；人口密度为 124.88 人/km²，远超以上三个国家。作为全球最大的岛国，印尼的人口分布极度不均，接近一半的国民居住在仅占国土面积 7% 的爪哇岛上，人口密度超过 1000 人/km²。印尼人口膨胀导致能源消费量在 2002—2012 年间增长了 44%，石油是主要的消费形式，占一次能源消费的比重长期保持在 36%～58%。印尼也从石油净出口国转变为净进口国，其石油输出国组织（OPEC）成员国的身份在 2009 年被取消。与此同时，印尼的煤炭出口却多年保持逆势增长，从 2011 年起取代澳大利亚成为全球最大的煤炭出口国。面对不断加大的人口和资源压力，印尼政府成立了由总统担任最高主席的国家能源委员会（NEC），其任务包括制定国家能源政策与计划、解决能源危机和能源紧急情况、监管能源政策执行等；相继颁布《国家能源政策总统条例》《能源法》《新电力法》《国家新能源政策》等一系列法规政策，明确了以可持续能源取代传统化石能源的能源转型国家战略，重点发展太阳能、风电、水电、生物质能和潮汐能，力争 2025 年可持续能源占一次能源消费的比重提高到 25.9%，2030 年提高到 30.9%，2050 年提高到 39.5%。

（2）鼓励逐步提升可持续能源多样性

2010 年 10 月,印尼政府发布《能源展望 25/25》(*Energy Perspective 25/25*),重点围绕生物质能、地热能和太阳能,有计划地推动等可持续能源产业向多样化方向发展(表 5.2)。印尼在生物质能开发领域有着巨大潜力。作为全球最大的棕榈油生产国,印尼积极推广生物柴油,实行政府定价,当价格高于化石能源时,政府予以补贴。同时,印尼也在加大对第二代生物液态燃料——生物乙醇的研发力度。为了让生物能源公司能够得到充足的原材料,印尼政府从 2006 开始不断扩大油棕和甘蔗的种植规模。2008 年 10 月,印尼国会通过法案,规定生物燃料在生产企业能源消费中的比重必须达到 2.5% 以上。印尼还拥有世界上最大的地热资源,占地球地热能储量的 40%。但到目前为止,地热能的开发还非常有限,其发电量仅占全国电力消费的 5%。为此,印尼政府向相关省市提供近 2.1 亿美元用于地热勘探和开发。此外,印尼还计划通过财税补贴、银行融资、简化外资手续和国际合作等措施,鼓励国营电力公司发展小水电站和太阳能发电站。

表 5.2　印度尼西亚可持续能源利用的现状及其发展目标

能源类型	现有装机容量(年份)	目标装机容量(年份)	年均增速
生物质能	1.7GW(2012)	11.7GW(2025)	16.0%
地热能	1.3GW(2013)	12.6GW(2025)	20.8%
水电	6.9GW(2011)	8.9GW(2025)	1.8%
太阳能	59.0MW(2013)	156.8MW(2025)	8.5%
风电	2.0MW(2010)	0.1GW(2025)	29.8%

（3）印尼可持续能源规划的政策启示

在印尼政府制定的一系列可持续能源发展规划中,主要能源装机容量的年均增速均控制在 30% 以内。太阳能、风电等近年来可再生能源领域的"新宠"仅占极小的部分,政策重点放在生物质能和地热能等印尼本国优势能源上。虽然尚处于可持续能源发展的起步阶段,印尼政府和相关机构非常重视专业人才队伍培养,注意借鉴他国的先进技术和管理经验。例如,与巴西政府签署了有关生物乙醇技术的合作协议,并派专家前往学习生物燃料开发技术;与丹麦国际发展署(Danish International Development Agency,DANIDA)开展合作,探索提升印尼可持续能源效率之路。相比之下,我国可持续能源产业的硬件基础已经日臻完善,但是与之相关的配套体系建设仍相对落后。例如,近年来我国出现了大规模的"弃风"现象,仅 2015 年前三个月，就造成 10700GWh 的风电产能浪费，接近全国风力发电量的20％。究其原因，一是风电无序发展，装机数量爆炸式增长，与经济放缓所导致的电力需求增速下降不相适应；二是一些本不具备风速条件的地区也强行上马，造成不少电站效益低于预期；三是配套政策不到位，国有电网企业拖延风电并网或减少购买量的情况时有发生。总之，发展可持续能源是一项系统性工程，印尼因地制宜、循序渐进的发展理念值得学习和借鉴。

六、中国可持续能源发展政策建议

　　积极开发利用可持续能源既是为了应对气候变化等全球性环境危机，也是为了提高国家的能源产业竞争力。归根结底是为了满足人们对于资源能源的持续需求，减少对环境产生的危害。作为全球最大的能源生产国和消费国，中国积极开发近零排放的水电、风能和太阳能等可持续能源，以期在满足能源需求的同时，显著降低温室气体和污染物的排放，避免继续以排放空间换取发展空间的短视行为。有鉴于此，我们不能被目前国际油价的暴跌所蒙蔽，而应清醒地把握全球能源发展的总体趋势，继续致力于能源结构的多元与均衡，促进可持续能源的有序开发。这对我国的能源安全、能源产业竞争力和环境可持续性都具有重大意义。

　　为了促进可持续能源的持续稳定发展，我国亟须制定并实施一个更加明确、合理且可行的可持续能源综合政策框架。在此过程中，吸收和借鉴国际经验显得非常必要。总的来说，可持续能源政策的制定需要遵循以下三个"有利于"的原则：一要有利于保障能源的稳定与持续供应，二要有利于提高能源产业竞争力，三要有利于减少对环境的不良影响。为此，课题组建议我国政府优先从以下几个方面采取措施：

（一）加强可持续能源发展的全局战略管理

1. 抓住机遇，抢占全球气候治理的战略高地

　　作为发展中国家，中国在众多领域只能是国际制度和相关规则的被动接受者；而以应对全球气候变化为重要内容的新的全球治理体制正在逐步构建，中国同众多欧美发达国家站在了同一起跑线上。因此，在应对气候变化这一可持续能源发展的关键领域，中国完全可以发挥积极作用，展现政策执行力，施加国际影响力，塑造全球领导力。就国家战略而言，中国须将应

对气候变化作为可持续能源发展的重要战略,积极参与制度的设计、规则的制定和标准的制定。就可持续能源产业而言,中国政府应出台政策,引导和支持中国企业走出国门,通过控股或参股、合作或独立开发利用、装备制造输出或直接开发利用等方式,在可持续能源开发利用、可持续能源装备制造、新能源汽车、智能电网等产业或领域,占据战略高地。

2. 明确行政主管部门,统筹可持续能源产业发展

我国在可持续能源管理方面缺乏十分明确的行政主管部门,相关工作分散于国家发改委及能源局、工信部、国土资源部、水利部、农业部和环境保护部等各部委。考虑到以下两方面因素,这种分散的能源管理模式,使得中国对于能源的宏观管理能力被大大削弱。一是由多个机构在不同的能源领域分别进行政策制定、行业指引和产业规划,使得中国缺乏统一的、全局性的能源战略构建;二是能源管理职能被多家机构分别行使,使得各机构之间极易出现对能源政策制定权、执行权以及对财政资金、技术投入等的争夺,特别是现在各机构之间的职权划分并不清晰,彼此之间的分歧使得能源改革进程缓慢,难以深入进行,能源管理出现错位、越位或缺位,同时也使得产业分散、布局不合理,容易导致巨大的资源浪费。[①]

鉴于我国大部制改革的总体方向,要想参照印度等国的经验设立独立的可持续能源发展部级领导机构并不现实。因此,我们建议未来在大能源部的构架下设立国家可持续能源局,整合现有各部委相关职责,统筹负责太阳能、风电、水电、生物质能和地热能等可持续能源的开发、利用与保护。可持续能源发展离不开调峰资源、电网、储能等配套设施,该机构的设立除了能够提高政策的协调性和执行力外,还有助于加快推进调峰资源的合理规划,积极推进有利于可持续能源并网发电的能源互联网、微电网建设及应用,加快解决可持续能源发电消纳难的问题。此外,设立明确的行政主管部门还有利于积极推动储能技术的进步与应用,做到储能设施的布局与可持续能源项目规划相匹配,从而帮助可持续能源克服间歇性等缺点,提高可持续能源发电的利用率。

---

① 崔民选.中国能源发展报告.北京:社会科学文献出版社,2008:44-45.

（二）发挥市场在资源配置中的决定性作用

1．打破行业垄断，理顺各方利益

中国存在可持续能源资源分布与电力负荷及灵活电源需求相矛盾的问题。例如，风能、太阳能资源丰富的西北等地区电力需求较小，而且不具备西南地区丰富的水电资源作为灵活的调峰电源，因此消纳能力薄弱。如果可以借鉴丹麦、德国等国之间互相调峰的措施，促进电力资源在全国各省份间的合理配置，将大幅提高区域乃至全国的可持续能源调峰能力与消纳能力。就电力交易机制而言，可持续能源和分布式能源上网困难主要是体制性问题。目前，中国的输电网由国有企业垄断经营，尚未对社会开放。为了确保自身能源输送，电网垄断企业接纳可持续能源和分布式能源的积极性不高，甚至会阻止这些能源接入，导致可持续能源和分布式能源的发展严重受阻。[①] 我国应该打破受计划控制的电能交易市场，开放省际和区域间的电力交易，允许各省通过调节供需情况维持市场平衡，实现电力资源的优化配置。同时，完善各主体（包括可再生能源发电企业、火电企业、电网公司以及省实体）间的利益分配模式，通过税收、补贴等多种方式降低各主体间的利益冲突。

2．从单纯财政补贴向营造良好市场竞争环境转型

西班牙等国的可持续能源发展历程及经验教训表明，在可持续能源的经济可行性、行业发展的可持续性、一国经济发展的可持续性及政府财政的健康稳定性之间，存在着相互依存的关系。目前中国在发展可持续能源的过程中出现了一些亟待解决的问题。例如，可持续能源规模较快扩张，但补贴标准更新过慢，导致收入的增幅跟不上装机容量的增幅，由此导致可持续能源补贴资金出现较大缺口。其实类似问题早已在德国、西班牙等较早开发可持续能源的欧洲国家出现过。从各国的成功应对经验看，政府的激励政策需要从着眼于短期目标的经济激励为主转向为可持续能源产业营造更

---

① 国务院发展研究中心，壳牌国际有限公司.中国中长期能源发展战略研究.北京：中国发展出版社，2013：441.

为公平的市场竞争环境。为此,政府应更多地通过制定环境排放标准,取消传统化石能源的隐性补贴等政策,给予可持续能源与传统化石能源相对公平的竞争机会,更多地通过市场选择,而非依赖行政化的经济刺激手段,鼓励可持续能源的长期稳定健康发展。这可以减少政府不当干预可持续能源产业的概率,价格机制的调节作用也有助于解决可持续能源超常发展带来的财政负担过重的问题。

3. 充分发挥价格调节作用,辅之以必要的考核机制

价格可以反映市场的供需情况,同时也对供需双方的市场行为起到引导作用。当前,上网电价和销售电价缺乏灵活性,导致价格机制在调节需求等方面的功能难以发挥。未来应该建立更为灵活的销售电价机制,在可持续能源出力较大,并出现电力供大于求时,用电方可享受较低的售电价格,并愿意在低电价时进行用电活动,从而提供更多的负荷,实现价格对需求侧的调节作用。另外,还应考虑对调峰电源提供经济激励制度,进一步完善调峰辅助服务机制,将原有的以强制命令为主转变为以经济激励和价格调节为主,通过市场交易等方式激励调峰电源主动释放更多上网空间,从而提升可持续能源消纳空间。

与此同时,为促进可持续能源的健康发展,充分发挥可持续能源的节能环保效应,应该有效落实并切实执行 2005 年发布的《可再生能源法》提出的"全额收购"原则。具体来说,首先需要明确可持续能源电力收购义务,实现可持续能源发电的优先上网权利;其次,对可持续能源收购情况进行考核,加强监管,对考核对象采取一定的约束措施,规范可持续能源电力收购入网行为。

(三)终端应用与科技创新同步推进

1. 出台更灵活的激励政策,提高可持续能源利用率

与欧美等可持续能源竞争力较强的国家相比,中国对可持续能源的政策鼓励更注重产能投资,在应用激励方面相对不足,导致了生产领域相对繁荣但实际利用效率不高的问题。风电和光伏发电作为中国主要的可持续能源类型,分别占全国总装机容量的 7.04% 和 1.95%,但两者发电量比例却

仅为 2.8％和 0.4％（图 6.1），这与当前中国较高的弃风、弃光率不无关系。例如，仅 2015 年前三个月，就造成 10700GWh 的风电产能浪费，接近全国风力发电量的 20％。究其原因，一是风电无序发展，装机数量爆炸式增长，与经济放缓所导致的电力需求增速下降不相适应；二是一些本不具备风速条件的地区也强行上马，造成不少电站效益低于预期；三是配套政策不到位，国有电网企业拖延风电并网或减少购买量的情况时有发生。以上因素导致风电设备利用率低，投资收益得不到保障。因此，未来需出台更有针对性的可持续能源开发利用激励措施，在可持续能源规划目标中应该更多地强调可持续能源电力有效利用，并设计更多的激励与惩罚措施确保可持续能源发电比例。

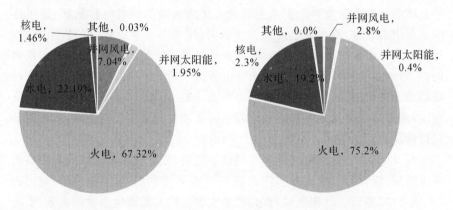

图 6.1　2014 年中国电力装机结构（左）与发电结构（右）对比

数据来源：中电联.

2. 加大财政支持力度，促进可持续能源技术研发

通过可持续能源竞争力国别分析可以看出，中国在可持续能源技术应用与推广领域表现较为出色，国内太阳能光伏的产能以及风机组件的产能都相当庞大，制造业基础相当雄厚。与之形成鲜明对比的是，我国在可持续能源技术研发领域表现不佳，这一领域的风险投资和专利申请数量都与欧美国家存在着很大差距，这一现象与我国长期以来重生产、轻研发，重规模、轻效益的做法有着很大的关系。以下因素决定了我国政府必须加大对可持续能源技术研发的投入。首先，可持续能源技术一般需要的投资非常大，企业往往难以独立承担研发所需费用，尤其是在一项新技术研发的初始阶段；其次，从新技术研发到商业化，直至最终产生利润，经历的周期相当长，这也

令大多数企业望而生畏；最后，可持续能源很容易受政策和传统能源价格影响，政策的变更以及传统能源价格的波动都增加了可持续能源发展的风险，使得未来收益预期更具有不确定性，这同样不利于企业加大研发投入。[①]为此，政府应通过增加财政资金投入等方式，积极鼓励科研机构和企业加快可持续能源技术创新，尤其应积极鼓励产业联盟加强共性技术研发和提升关键零部件国产化率，降低可持续能源的投资风险与成本。

（四）统筹可持续能源系统发展

可持续能源应用领域广泛，一次能源和二次能源可在发电、供热/制冷、交通和建筑领域发挥重要作用，为此我们应促进可持续能源多元化、系统化及综合化发展。

1. 加强产品质量管理，促进可持续能源产业良性发展

尽管中国已经成为许多可持续能源生产设备的主要生产基地和供应来源地，但在一些领域它还缺少生产特种设备的能力。不仅如此，由于缺乏国家统一的技术与质量标准，企业之间往往陷入价格恶性竞争，导致产品质量难以得到提高。得益于庞大的国内市场，中国可持续能源企业的数量在国际上遥遥领先，但是大多数国内企业在产品质量和效益方面与欧美同行相比还有着不小的差距。为此，企业应该注重质量管理工作，通过标准设定严格把控产品和工程质量，提高可持续能源项目的能源利用效率，保证项目本身的可持续性，为中国可持续能源的健康发展奠定坚实基础。

2. 注重可持续能源的多元化发展

（1）供热/冷：供热和制冷几乎占据全球能源总需求的一半，中国应把握城市对供暖与制冷需求中的前景。目前，国内已有地区将可持续能源应用于供热系统中，例如，连云港要求在新的建筑中使用太阳能热水作为加热设备。[②] 中国应该继续为推广可持续资源的供热和制冷技术设立目标、制定政策，出台财政激励措施推动可持续能源供暖和制冷技术的发展，在相关系

---

① 李严波. 欧盟可再生能源战略与政策研究. 北京：中国税务出版社，2013：81.
② REN212012. *Renewables 2012 Global Status Report*.

统中提升可持续能源使用率，以满足建筑群或整个社区的需求。

（2）交通部门：中国可加强支持生物燃料的生产、推广和使用，并采用财政上的激励措施和规定，包括生物燃料生产补贴、生物燃料混合授权和税收鼓励等。同时，提升私有和公共交通工具中可持续能源电力利用比例，推广电池电力或燃料电池公交车成为未来的主要交通工具。[1]

（3）建筑领域：中国应鼓励地方政府设定低碳排放或者零排放目标，修订建筑标准和土地使用政策以满足可再生能源发展需求，并鼓励地方政府及时更新规划方法、新建筑标准和建筑示范。同时根据本地实际情况，设立建筑可再生能源目标，通过修订建筑标准和土地使用政策，逐步降低所有新建和翻新建筑的化石能源使用量，最终实现近零排放。[2]

3. 加强可持续能源与其他领域的合作共赢

将热力与电力融合，充分提高能源效率是丹麦、德国可持续能源发展的一项重要的成功经验。中国在可持续能源发展过程中，应注重电力、热力乃至交通部门之间的资源整合，积极调动各种潜在资源，扩大可持续能源利用范围和提高其使用效率。例如，推动电动汽车普及应用，每一辆电动汽车都可视为移动储能设备，未来可通过电价等手段调节充电需求，起到消纳多余负荷的作用。另外，还应发展热电联产，热电联产机组配备蓄热装置，可以在提高能源使用效率的同时以储热代替储电，通过自身调节发电与负荷之间的平衡。

---

[1] 中国香港在其城市交通体系的扩展和电气化中投入了大笔资金。全球很多城市正在为私有电动汽车修建充电站，包括中国香港，同时他们还在将可再生能源整合到当地电力供应并作为充电站能源的直接来源。中国香港还计划在其公交车中加入生物燃料。

[2] EU2010. *Directive on the Energy Performance of Buildings*. http://www.energy.eu/directives/2010-31-EU.pdf.

参考文献

(一)中文文献

[1] 艾莉,杜丽.产业竞争力理论述评.商业时代,2010(35).

[2] 蔡茜,黄栋.基于"钻石模型"对中国风能产业的竞争力分析.中国科技论坛,2007(11).

[3] 陈红儿,陈刚.区域产业竞争力评价模型与案例分析.中国软科学,2002(1).

[4] 陈晓春,陈思果.中国低碳竞争力评析与提升途径.湘潭大学学报(哲学社会科学版),2010(2).

[5] 程夏蕾,朱效章.中国小水电可持续发展研究.中国农村水利水电,2009(4).

[6] 付学谦.澳大利亚可再生能源概况.电力需求侧管理,2012,7(4).

[7] 郭立伟.新能源产业集群发展机理与模式研究.杭州:浙江大学,2014.

[8] 国际可再生能源机构(IRENA).反思能源执行摘要,2014.

[9] 国际新能源网讯.法国能源政策对我国的启示.国际新能源网讯,2014(7).

[10] 国家可再生能源中心.国际可再生能源发展报告2014.北京:中国环境出版社,2014.

[11] 国务院发展研究中心,壳牌国际有限公司.中国中长期能源发展战略研究.北京:中国发展出版社,2013.

[12] 罗国强,叶泉,郑宇.法国新能源法律与政策及其对中国的启示.天府新论,2011(2).

[13] 韩城.实证分析新能源发展的主要影响因素——基于协整分析与

格兰杰因果检验.资源与产业,2011(1).

[14] 韩晓平.关于"新能源"的定义.节能与环保,2007(6).

[15] [丹麦]Henrik Lund.可再生能源系统:100%可再生能源解决方案的选择与模型.李月,译.北京:机械工业出版社,2011.

[16] 何建坤.全球绿色低碳发展与公平的国际制度建设.中国人口·资源与环境,2012(5).

[17] 何贤杰.石油安全评价指标体系初步研究.北京:地质出版社,2006.

[18] 华东政法大学政治学研究所.国家参与全球治理指数2014年度报告,2014-11-18.

[19] 李建平,李闽榕,王金楠,等.全球环境竞争力绿皮书:全球环境竞争力报告(2013).北京:社会科学文献出版社,2013.

[20] 李廷栋,游国庆,郑宁,等.澳大利亚能源资源评估的要点和特点.地学前缘,2014,5(3):307-311.

[21] 李严波.欧盟可再生能源战略与政策研究.北京:中国税务出版社,2013.

[22] 林伯强.中国能源经济的改革和发展.北京:科学出版社,2013.

[23] 娄伟,李萌.基于情境分析的我国可再生能源战略研究.资源与产业,2010(5).

[24] 金和林,姜月,崔文,等.我国可再生能源产业的国际竞争力分析.科教导刊,2013(9).

[25] [澳]卡尔·马伦.可再生能源政策与政治——决策指南.锁箭,闵宏,董红永,等,译.北京:经济管理出版社,2014.

[26] [美]迈克尔·波特.国家竞争优势.李明轩,邱如美,译.北京:中信出版社,2012.

[27] 仇保兴.创建低碳社会,提升国家竞争力——英国减排温室气体的经验与启示.城市发展研究,2008(2).

[28] 魏北驹.可再生能源不给力,法国难舍核电优势.中国战略新兴产业,2014(1).

[29] 乌跃良.国际经验与中国低碳经济发展政策.当代经济研究,2012(4).

[30] 吴志军,汪洋.对我国光伏产业政策的反思及完善建议.江西社会科学,2013(10).

［31］REN21.可再生能源 2014 全球现状报告,2014.

［32］芮明杰.产业竞争力的新钻石模型.社会科学,2006(4).

［33］邵琳.中日韩新能源产业发展政策探析.现代日本经济,2014（3）.

［34］［美］斯科特·L.蒙哥马利.全球能源大趋势.北京:机械工业出版社,2012.

［35］盛世豪.知识经济与工业经济的知识化过程(下).中国软科学,1999(1).

［36］世界经济论坛.全球能源架构绩效指数 2014 年报告,2014.

［37］孙学军.波特钻石模型下酒泉风电产业竞争力分析.开发研究,2011(2).

［38］田军,张朋柱,王刊良,等.基于德尔菲法的专家意见集成模型研究.系统工程理论与实践,2004(1).

［39］田鑫.中日新能源汽车产业发展战略比较研究.中国物价,2014（11）.

［40］夏太寿,高冉.基于"钻石模型"的江苏风电产业竞争力研究.改革与战略,2011(9).

［41］许树柏.层次分析法原理.天津:天津大学出版社,1987.

［42］张运洲,白建华,程路,等.中国非化石能源发展目标及其实现路径.北京:中国电力出版社,2013:228.

［43］朱永芃.新能源:中国能源产业的发展方向.求是,2009(24).

(二)外文文献

［1］Alan M. Rugman, D. Cruz, R. Joseph. "The Double Diamond" Model of International Competitiveness: the Canadian Experience. *Management International Review*, Second Quarter, 1993, 33(2).

［2］Angel Antonio BayodRújula, NourouKhalidouDia. Application of a Multi-Criteria Analysis for the Selection of the Most Suitable Energy Source and Water Desalination System in Mauritania. *Energy Policy*, 2010, 38(1).

[3] Anna Mohr and Linda Bausch. *Energy Sustainability and Society*, March 2013(3).

[4] Bloomberg New Energy Finance Multilateral Investment Fund part of the Inter-American Development Bank, UK Department for International Development, Power Africa. *Climate Scope 2014: Mapping the global frontiers for clean energy investment*, 2014.

[5] BMU/UBA. *Nachhaltige Entwicklung in Deutschland—Die Zukunft Dauerhaft Umweltgerecht Gestalten. Berlin, Germany: Erich Schmidt Verlag*, 2002.

[6] B. K. Ndimba, R. J. Ndimba, T. S. Johnson, et al. Biofuels as a Sustainable Energy Source: an Update of the Applications of Proteomics in Bio Energy Crops and Algae. *Journal of Proteomics*, 2014, 93(1).

[7] Carlos Pascual and Jonathan Elkind. *Energy Security: Economic, Strategic, and Implications*. Washington, D. C. : Brookings Institution Press, 2010.

[8] Claudia Sheinbaum-Pardo, Belizza J. Ruiz. Energy Context in Latin America. *Energy*, 2012(4).

[9] Economic Commission for Latin America and the Caribbean (ECLAC). *Natural resources: status and trends towards a regional development agenda in Latin America and the Caribbean*. Chile: Santiago, December 2013.

[10] CSD. CSD-9 Decision 9/1. 2001.

[11] Dino Barajas. Mexico: Latin America's Renewable Energy Renaissance. *Power Finance & Risk*, Feb 9,2015.

[12] EU. *A Policy Framework for Climate and Energy in the Period from* 2020-2030, 2014.

[13] European Commission. *A Road Map for Moving to a Competitive Low-carbon Economy in* 2050 // the Commission to the European parliament, the Council, the European Economic and social committee and the Committee of the Regions. European commission SEC, 2011.

[14] Fang K, Heijungs R, de Snoo R G. Understanding the Complementary Linkages between Environmental Footprints and Planetary boundaries in a Footprint-boundary Environmental Sustainability Assessment Framework. *Ecological Economics*, 2015(114).

[15] Fang K, Heijungs R, Duan Z, et al. The Environmental Sustainability of Nations: Benchmarking the Water, Carbon and Land Footprints with Allocated Planetary Boundaries. *Sustainability*, 2015, 7(8).

[16] François Julien, Michael Lamla. Competitiveness of Renewable Energies Comparison of Major European Countries. *European University Viadrina Frankfurt (Oder) Department of Business Administration and Economics. Discussion Paper*, 2011(302).

[17] Frankfurt School-UNEP Centre/BNEF. *Global Trends in Renewable Energy Investment* 2015, 2015.

[18] Global Network on Energy for Sustainable Development (GNESD). *Reaching the Millennium Development* Goals *and beyond-access to Modern Forms of Energy as a Prerequisite*. Roskilde: GNESD, 2007.

[19] H. Müller-Steinhagen, J. Nitsch. The Contribution of Renewable Energies to a Sustainable Energy Economy. *Process Safety and Environmental Protection*, 2005, 83(B4).

[20] H. T. Odum, E. C. Odum. *A Prosperous Way Down. Principles and Policies*. Boulder: University Press of Colorado, 2001.

[21] IEA. *Toward a Sustainable Energy Future*, 2001.

[22] IEA. *World energy outlook* 2011, 2011.

[23] IEA. *Worldwide Engagement for Sustainable Energy Strategies*, 2012.

[24] IEA-PVPS. Report Snapshot of Global PV 1992-2013, 2014.

[25] International Institute for Management Development (IMD) 2014. *World Competitiveness Yearbook*.

[26] John H Dunning. Internationalizing Porter's Diamond. *Management International Review*, Second Quarter, 1993, 33(2).

[27] José Ramón San Cristóbal. A Multi Criteria Data Envelopment Analysis Model to Evaluate the Efficiency of the Renewable Energy Technologies. *Renewable Energy: an International Journal*, 2011, 36(10).

[28] Liu Gang. Development of a General Sustainability Indicator for Renewable Energy Systems: a Review. *Renewable and Sustainable Energy Reviews*, 2014(31).

[29] Ministerio de Minas e Energia(MME). *Plano Nacional de Energia 2030*. Brasilia, Brazil: MME, 2007.

[30] Morse E. L and J. Richard. The Battle for Energy Dominance. *Foreign Affairs*, March/April 2002.

[31] National Energy Board. *Canada's Energy Future 2013: Energy Supply and Demand Projections to 2035*, 2013.

[32] The Pew Charitable Trusts. *Who's Winning the Clean Energy Race?*. 2013 ed, April 2014.

[33] REN21. *Renewables 2012 Global Status Report*, 2012.

[34] Robert L. Evans. *Fueling Our Future: An Introduction to Sustainable Energy*. New York: Cambridge University Press, 2007.

[35] S. Al-Hallaj and K. Kiszynski. *Hybrid Hydrogen Systems. Green Energy and Technology*. London: Springer-Verlag London Limited, 2011.

[36] Sanghyun Hong, Corey J. A. Bradshaw, Barry W. Brook. Evaluating Options for the Future Energy Mix of Japan after the Fukushima Nuclear Crisis. *Energy Policy*, 2013(56).

[37] Simone Bastianoni, Riccardo M. Pulselli, Federico M. Pulselli. Models of Withdrawing Renewable and Non-renewable Resources Based on Odum's Energy Systems Theory and Daly's Quasi-sustainability Principle. *Ecological Modelling*, 2009 (220).

[38] Saul Bernard Cohen. *Geopolitics: the Geography of International Relations* (Third edition). Rowman & Littlefield, U. S, 2015: Chapter 6.

[39] Sukumar, Sacin. Law as a Medium of Change, To Achieve Sustainable Development and Use of Clean Energy. *OI DA International Journal of Sustainable Development*, 2014, 7(3).

[40] Timothy Searchinger, et al. Use of U. S. Croplands for Biofuels Increases Greenhouse Gases through Emissions from Land Use Change. *Science*, February 29, 2008, 319(5867).

[41] World Commission on Environment and Development (WCED). *Our Common Future*, 1987: Chapter 2, Para. 1.

[42] World Energy Council. *World Energy Resources* 2013 *Survey*. London: World Energy Council, 2013.

[43] World Economic Forum. *Global Competitiveness Report* 1994—1995, 1994.

[44] World Economic Forum. *Global Competitiveness Report* 2014—2015, 2014.

[45] Xi Pang, Ulla Mörtberg, Nils Brown. Energy Models from a Strategic Environmental Assessment Perspective in an EU Context_What is Missing Concerning Renewables?. *Renewable and Sustainable Energy Reviews*, 2014(33).

[46] Zhang Sufang. International Competitiveness of China's Wind Turbine Manufacturing Industry and Implications for Future Development. *Renewable and Sustainable Energy Reviews*, 2012(16).

(三)网络资源

[1] BP. http://www. bp. com.

[2] Canadian Wind Energy Association (CANWEA). http://canwea. ca.

[3] EIA. http://www. eia. gov.

[4] The Europe Energy Portal. http://www. energy. eu.

[5] Green-tech Media. http://www. greentechmedia. com.

[6] IEA. http://www. iea. org.

[7] 科技世界网(英文). http://en. twwtn. com.

[8] National Energy Board(Canada). http://www. neb-one. gc. ca.

[9] 欧盟官网. http://ec. europa. eu.

[10] "人人享有可持续能源"官方网站. http://www. se4all. org.

[11] Renewable Energy World. http://www. renewableenergy-world. com.

[12] RTE(France). http://www. rte-france. com.

[13] 路透社(Reuters). http://thomsonreuters. com.

[14] The World Bank. http://www. worldbank. org.

[15] World Nuclear Association. http://www. world-nuclear. org.

[16] 百度百科. http://baike. baidu. com.

[17] 北极星太阳能光伏网. http://guangfu. bjx. com. cn.

[18] 电池中国. http://www. cbea. com.

[19] 法国在您身边(法国驻华使馆及总领事馆唯一官方门户网站). http://www. ambafrance-cn. org.

[20] 光伏亿家. http://www. solarzoom. com.

[21] 华人风电网. http://www. wp-forum. cn.

[22] 全球新能. http://www. xny365. com.

[23] 维基百科. http://en. wikipedia. org.

[24] 中俄资讯网. http://www. chinaru. info.

[25] 中华人民共和国商务部. http://www. mofcom. gov. cn.

[26] 中国国家能源局. http://www. nea. gov. cn.

[27] 中国石油新闻中心. http://news. cnpc. com. cn.

(四)报纸媒体

[1] 华尔街日报(中文). http://cn. wsj. com.

[2] 科技日报.

[3] 彭博新能源财经(Bloomberg New Energy Finance). http://a-bout. newenergyfinance. com.

[4] 人民日报.

[5] 新浪财经. http://finance. sina. com. cn.

[6] 中国能源报.

附件:全球可持续能源竞争力
评价指标权重专家问卷

尊敬的专家:

您好!为衡量各国可持续能源发展状况,浙江大学环境与能源政策研究中心相关研究团队构建了"全球可持续能源竞争力评价指标体系"。指标权重的科学确定需要您拨冗填写问卷。烦请于 4 月 15 日前通过电子邮件将专家问卷发回。衷心感谢您给予的指导和帮助!

浙江大学环境与能源政策研究中心

2015 年 4 月

一、研究概述

可持续能源竞争力是指一个国家能否创造一个良好的产业生态环境、政策环境与商业环境,使该国可持续能源发展获得竞争优势,并更进一步地提升一国的能源安全供给、环境保护以及经济社会发展的国际竞争优势的能力。我们认为一个国家可持续能源竞争力强弱主要由生产要素,需求条件,相关产业与支持性产业,企业战略、企业结构与同业竞争等四个方面的因素决定。而可持续能源竞争力综合指数则代表了一国可持续能源的发展水平和发展态势。基于此,我们构建了"全球可持续能源竞争力评价指标体系",其层次分析模型如图 1 所示。此专家问卷以全球可持续能源竞争力综合指数评价指标权重为调查目标,对其多种影响因素(指标)使用层次分析法进行分析。

二、问卷说明

调查问卷根据层次分析法(AHP)的形式设计。这种方法是在同一个层次对影响因素重要性进行两两比较。衡量尺度划分为 5 个等级,分别是绝对重要[9]、十分重要[7]、比较重要[5]、稍微重要[3]、同样重要[1]。靠左边的衡量尺度表示左列因素重要于右列因素,靠右边的衡量尺度表示右

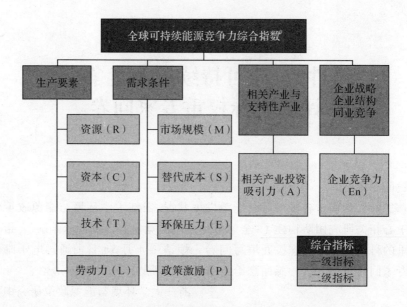

图 1   全球可持续能源竞争力指标体系的层次分析模型

列因素重要于左列因素。根据您的看法,在对应方格中打勾($\checkmark$)即可。如果您觉得某个级别不能精确地表达您对某组比较的看法,例如您认为应介于比较重要[5]和稍微重要[3]之间,那么您可以通过在比较重要[5]和稍微重要[3]两个方格中都打勾($\checkmark$)来表达您的看法。另外,若是多个因素(指标)进行比较,请尽量保证彼此间相对重要性的一致性,例如:若您认为指标A比指标B重要3个等级,指标B又比指标C重要3个等级,那么指标A就应比指标C高6个等级。

示例1:您认为一辆汽车的安全性重要,还是价格重要? 如果您认为一辆汽车的安全性相对于价格十分重要[7],那么请在左侧(十分重要[7])下边的方格打勾,如表1所示。

表1   对于评价汽车,各影响因素的相对重要程度评价表(样表)

A	评价尺度									B
	9	7	5	3	1	3	5	7	9	
安全性		$\checkmark$								价格

示例2:您认为一辆汽车的安全性重要,还是价格重要? 如果您认为一辆汽车的安全性相对于价格的重要性介于比较重要[5]和稍微重要[3]之

间,那么请在比较重要[5]和稍微重要[3]两个方格中都打勾(√),如表2所示。

表2 对于评价汽车,各影响因素的相对重要程度评价表(样表)

A	评价尺度									B
	9	7	5	3	1	3	5	7	9	
安全性			√	√						价格

三、问卷内容

(一.)二级指标

表3 二级指标说明

指标名称	指标说明
生产要素	一国在可持续能源产业竞争中有关生产方面的表现;一般包括资源禀赋、资本投入、技术水平和劳动力水平四个子要素
需求条件	市场对可持续能源产品或服务的需求;一般包括市场规模、替代成本、环保压力和政策激励四个子要素
相关产业与支持性产业	与可持续能源产业关联紧密或具备提升效应的上下游产业和相关产业的国际竞争力;取单一指标数据:可持续能源国家吸引力指数
企业战略企业结构同业竞争	可持续能源企业在一个国家的基础、组织和管理形态,以及国内市场竞争对手的表现;取单一指标数据:全球可持续能源企业五百强数量

表4 对于"全球可持续能源竞争力综合指数",二级指标的相对重要程度评价表

A	评价尺度									B
	9	7	5	3	1	3	5	7	9	
生产要素										需求条件
生产要素										相关产业、支持性产业
生产要素										企业战略、企业结构和同业竞争
需求条件										相关产业与支持性产业
需求条件										企业战略、企业结构和同业竞争
相关产业与支持性产业										企业战略、企业结构和同业竞争

(二)三级指标

1."生产要素"指标

表5 "生产要素"指标说明

指标名称	指标数据	数据来源
资源(R)	可持续能源资源可开发量	全球能源网络研究所
资本(C)	可持续能源投资额	Bloomberg New Energy Finance
技术(T)	全球清洁技术创新指数	The Global Cleantech Innovation Index 2014
劳动力(L)	可持续能源从业人数	国际可再生能源署

表6 对于"生产要素",三级指标的相对重要程度评价表

A	评价尺度									B
	9	7	5	3	1	3	5	7	9	
资源(R)										资本(C)
资源(R)										技术(T)
资源(R)										劳动力(L)
资本(C)										技术(T)
资本(C)										劳动力(L)
技术(T)										劳动力(L)

2."需求条件"指标

表7 "需求条件"指标说明

指标名称	指标数据	数据来源
市场规模(M)	国内电力总装机容量	美国能源部能源信息署 EIA
替代成本(S)	汽油价格	各国 2015 汽油零售价 globalpetrol-prices.com
环保压力(E)	碳赤字	团队自测:碳赤字＝碳排放量－碳排放容量
政策激励(P)	实施可持续能源激励政策数量	皮尤 Who Winning the Clean Energy Race 报告

表 8　对于"需求条件"，三级指标的相对重要程度评价表

A	评价尺度									B
	9	7	5	3	1	3	5	7	9	
市场规模（M）										替代成本（S）
市场规模（M）										环保压力（E）
市场规模（M）										政策激励（P）
替代成本（S）										环保压力（E）
替代成本（S）										政策激励（P）
环保压力（E）										政策激励（P）

问卷结束，再次谢谢您的指导与帮助！

图书在版编目（CIP）数据

全球可持续能源竞争力报告. 2015 / 郭苏建等著.
—杭州：浙江大学出版社，2015.10
　ISBN 978-7-308-15221-1

　Ⅰ.①全… Ⅱ.①郭… Ⅲ.①能源发展－可持续性发
展－研究报告－世界－2015 Ⅳ.①TK01.

　中国版本图书馆 CIP 数据核字（2015）第 240848 号

全球可持续能源竞争力报告. 2015

郭苏建　周云亨　叶瑞克 等著

责任编辑	余健波
责任校对	秦　瑕
封面设计	周　灵
出版发行	浙江大学出版社
	（杭州市天目山路 148 号　邮政编码 310007）
	（网址：http://www.zjupress.com）
排　　版	杭州好友排版工作室
印　　刷	杭州日报报业集团盛元印务有限公司
开　　本	710mm×1000mm　1/16
印　　张	9.5
字　　数	165 千
版 印 次	2015 年 10 月第 1 版　2015 年 10 月第 1 次印刷
书　　号	ISBN 978-7-308-15221-1
定　　价	35.00 元